U0108509

這本書屬於：

. . . . . . . . . . . . . . . . . . . . . . . . . . . . . . . . .

新雅・知識館
給孩子的世界全百科

翻譯：李詠珊@MmeWStudio
責任編輯：龐頌恩
美術設計：蔡學彰
出版：新雅文化事業有限公司
香港英皇道499號北角工業大廈18樓
電話：（852）2138 7998
傳真：（852）2597 4003
網址：http://www.sunya.com.hk
電郵：marketing@sunya.com.hk
發行：香港聯合書刊物流有限公司
香港荃灣德士古道220-248號荃灣工業中心16樓
電話：（852）2150 2100
傳真：（852）2407 3062
電郵：info@suplogistics.com.hk
版次：二〇二〇年一月初版
二〇二三年七月第三次印刷
版權所有・不准翻印

Original Title: *My Very Important World:*
*For Little Learners Who Want to Know About the World*
Copyright © 2019 Dorling Kindersley Limited
A Penguin Random House Company

ISBN: 978-962-08-7348-5

**For the curious**
www.dk.com

# 給孩子的
# 世界
# 全百科

新雅文化事業有限公司
www.sunya.com.hk

# 目 錄

## 我的世界

## 我身處的世界

## 人與文化

# 廣闊的世界

# 自然世界

# 探索世界

# 我的世界

地球是一個奇妙的地方，到處充滿**生機**；而作為地球的一分子，其實你的存在也是非常奇妙的！你的家人、朋友、住所、寵物、社區和嗜好等，只是組成這個世界和造就了**你**的一小部分而已。

# 我們的家

地球是一個漂浮在太空中的球形大石頭，也是一個我們稱為**家**的星球。你和所有人一樣，都來自地球。

### 日與夜
地球一直在旋轉，所以，太陽的**光**會在不同時間照耀在不同的地區，這就是為什麼會有白天和晚上。

地球已經有45億歲了。

### 地球上的生物
地球上有多於75億人在居住，我們還和數以十億計的植物和動物共享這個地球。

地球的土地共分為七個區域，稱為洲（Continent）。每個洲又被分割成多個小區域，稱為國家（Country），地球上總共有195個國家。你來自哪一個國家呢？

當地球的一邊是白天，另一邊卻會是晚上呢！

## 藍色星球

有時地球會被稱為「藍色星球」，因為在太空上看過來的時候，它是藍色一片的，這是因為**水**覆蓋着地球大部分的表面。

雖然我們說不同的語言、吃不同的食物、有不同的信念，但是大部分人仍有許多共通點。

人們住在不同的環境，例如繁忙的大城市、細小的村莊、鄉間的小鎮或其他類型的地方。

# 我是誰？

地球上每一個人都是不同的，這是一件好事！
因着這些不同，**讓我們成為獨特的個體**，不過
我們還是有許多相似之處。

## 個性

你是個引人注目和富有冒險精神的人，還是個安靜而富創意的人？**你的行為舉止**造就了你。

## 外形

你的個子高還是矮？你擁有黑色的短髮、還是鬈曲的金髮？你的外形只能代表**一小部分**的你。

## 信念

有事情令你產生**強烈的感覺**嗎？你有信仰嗎？人們會相信許多不同的事物。

## 日常生活

你住在何處、學習到什麼，都會影響你的**未來**。

## 嗜好

你是足球狂熱分子？書蟲？還是一個數學家？有哪一種**興趣**對你來說有特別意義？

## 經驗

發生在你身上的事，這些屬於你的經驗，或許會令你在**看待這個世界時**，和你的朋友不同。

當你逐漸成長，不光身體會長大，

## 家庭

在家庭中**你的角色**是什麼？你是姊姊？弟弟？還是家中的獨生子女？

## 家族歷史

你不曾見過他們，但你的祖先確實**改變了你的生命**；事實上，沒有他們，你根本不會存在！

**你的思想和感覺都會成長和改變！**

是什麼造就了我？

有部分的你來自**先天**，一出生便是如此；另一部分的你來自**後天**，就是在你成長期間經歷的事情。

雙胞胎

縱使是同卵雙胞胎，雖然有相同的外表，但是也會有自己獨特的**個性**，他們可以是完全不同性格的人。

同卵雙胞胎有着相同基因。

## 先天

你身體上的特徵如眼睛顏色，在你出生以前便已經決定了。它們是**天生的**，不能改變。

### 基因（Gene）

每一個人出生時都會帶着從父母遺傳而來的基因，這些基因**含有**關乎這個人的**重要信息**，包括他的外表。

## 後天

在你出生以前，很多事情都由不得你決定，但是你在成長過程中所**學習**並**體驗**到的，卻可以塑造你。你的家人、老師和經歷對你的生命均有重大影響。

### 獨一無二

來自同一對父母的兄弟姊妹，雖然住在一起、吃一樣的食物、遵守一樣的規矩，但他們仍然可以擁有**不同個性**，長大後也許會變得完全不一樣。

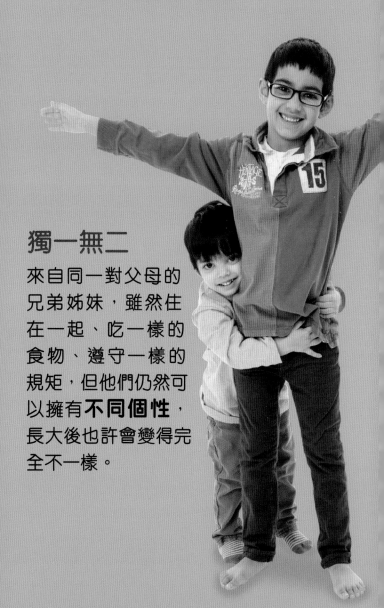

# 我的身體

我們的身體是一個不可思議的機器，內有各個奇妙的部分。**器官**(Organ) 是很重要的部分，它們負責推動身體運作。

**腦** 就像人體中的電腦，它告訴其他器官需要做什麼。主要功能包括記憶、說話和思考。

**神經** 並非器官，但腦會利用它們向身體各部分傳遞信息。它們讓我們感知冷、熱、痛，甚至癢！

腦 (Brain)

心臟 (Heart)

胃 (Stomach)

肺 (Lung)

**皮膚** 是最大的器官，它包裹着我們的身體，而且肩負許多工作，包括保護我們免受外來物質的傷害。

心臟將血液泵送至整個身體；肺部幫助我們呼吸；胃和其他器官則將食物轉化成能量，供給我們身體使用。

腎、肝和腸全都是重要的器官。

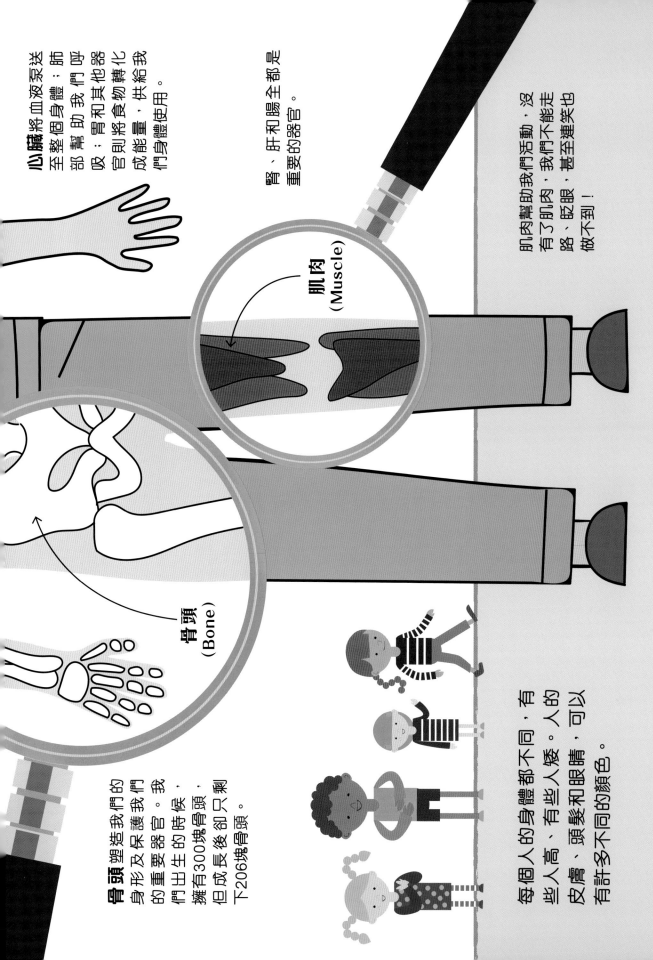

肌肉
(Muscle)

肌肉幫助我們活動，沒有了肌肉，我們不能走路、眨眼，甚至連笑也做不到！

骨頭
(Bone)

**骨頭**塑造我們的身形及保護我們的重要器官。我們出生的時候，擁有300塊骨頭，但成長後卻只剩下206塊骨頭。

每個人的身體都不同，有些人高、有些人矮。人的皮膚、頭髮和眼睛，可以有許多不同的顏色。

# 我的腦袋

你的腦袋就隱藏在你的頭顱內，控制着你身體的各個部分，同時幫助你思考和處理許多奇妙的事情。

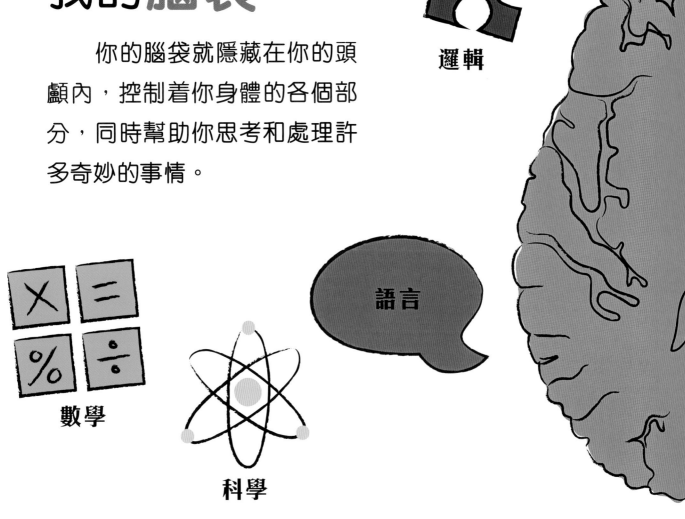

邏輯

語言

數學

科學

---

## 腦袋鍛煉

你做運動的時候，**血液會更快地將氧氣輸送**到你的腦袋。研究發現，這能使你的腦袋運作得更好。

## 腦袋幫助你：

觸摸

思考

看

記憶

理解

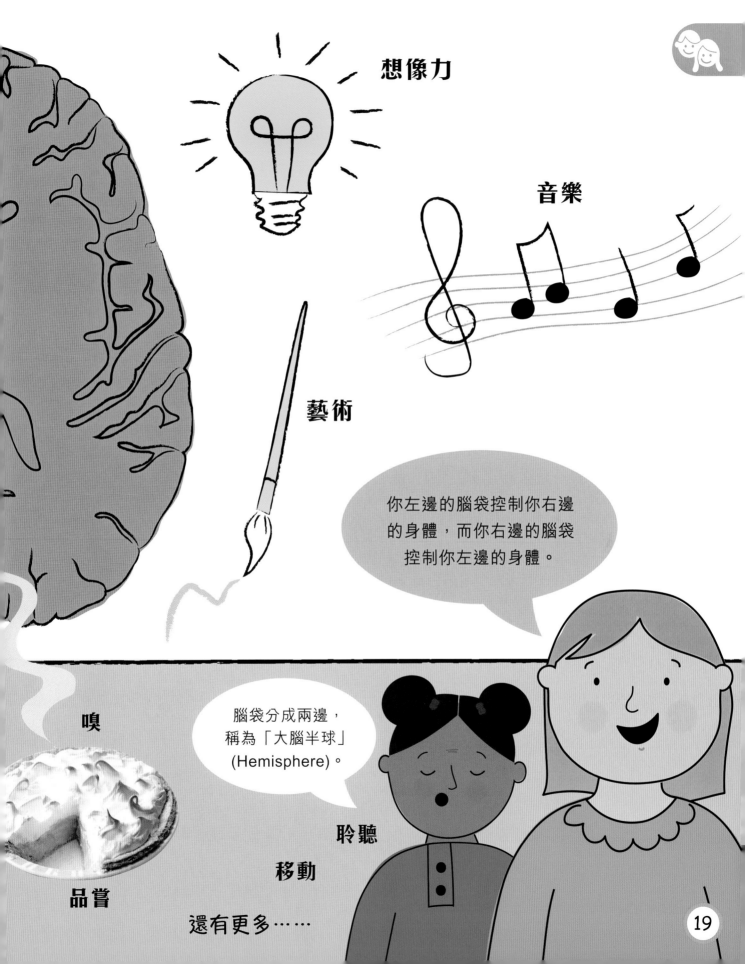

# 健康的我

保持身體**健康**非常重要！吃得好、多喝水、保持清潔和足夠的睡眠都是保持健康的最佳方法。

## 多運動

**運動**對你的身體和腦袋都有好處，想感覺良好？出外玩玩吧！

## 常放鬆

偶爾感到憂慮和壓力是正常的，**休息一會**，去做一些自己喜歡的事，例如和朋友聊天或玩一些有趣的遊戲。

瑜伽幫助我放鬆，還對我的身體有益處。

你的身體就是你生命的居所，請好好照顧它！

## 常梳洗

洗去身體和衣服上的污垢和細菌，讓你**更乾淨**和更健康。

### 多吃蔬菜

進食水果和蔬菜，有助你對抗疾病和給你更多**能量**。

### 多喝水

你的身體大部分由水組成，因此，每天必須要攝取足夠水分以**補充**在日間流失的水分。

## 笑口常開，有益身心！

### 健康助手齊認識

醫生、護士和牙醫能幫助你照顧自己。牙醫幫助你保持牙齒健康，醫生和護士則能幫助你保持身心健康。

撫摸寵物能讓你感到平靜。真好啊！

當你笑的時候，身體會釋放出令你感覺良好的化學物，讓笑容在你的臉上綻放。

嗨！嗨！

**萬歲！！！**

你能分辨出這是哪種情緒嗎？什麼事情能使你出現這種情緒呢？

平靜

困惑

生氣

# 我**感覺**如何？

　　由腦袋產生的情緒(Emotion)，會在許多方面影響你。我們會有開心的感覺亦會有傷心的感覺，但每一種**情緒**都是重要的。嘗試聆聽一下自己的感受吧！

### 表達情緒知多點

情緒會隨時間**在你腦海裏**慢慢**形成**，其他人或許不會察覺你的感受，所以無論你有什麼感受，都可以與信任的人傾談和分享。

驚訝

興奮

害怕

憂慮

尷尬

我們常常會在同一時間感受到各種不同的情緒，這是由於你擁有精密的大腦，因此你可以產生複雜的情緒。

我在日記內描寫和繪畫我的情緒。

## 感受

你的感受將告訴別人，有時候並不容易。如果你覺得要用言語去表達感受很困難，可以試試將你的感受**畫**或寫出來。

## 身體語言

許多時候，你可以從一個人的**動作**和**臉上的表情**去了解他的感受，這是因為你從對方身上識別到自己的情緒。

# 面對**恐懼**

我們偶然會感到驚慌懼怕，這些感覺很難受。然而，恐懼也有用處，因為恐懼其實是身體讓我們離開**危險**而發出的信息。

## 為什麼我們會恐懼？

當我們遇見一些可怕的事物時，身體會出現心跳加速和呼吸困難的反應，目的是讓我們準備好與威脅我們的事物戰鬥，或是逃跑以遠離危險。這就是我們的**本能**——「戰鬥或逃跑」("Fight or Flight")反應。

## 有些人會特別害怕某些東西，

**常見的恐懼症：**

**蜘蛛恐懼症**
(懼怕蜘蛛)

**黑暗恐懼症**
(懼怕在黑暗的環境中)

**上學恐懼症**
(懼怕去學校)

**恐蛇症**
(懼怕蛇)

就算是最勇敢的人
也會有害怕的時候。
勇敢的意思，是戰勝
你的恐懼。

和一個你信任的大人分享，能
夠使你的恐懼沒那麼可怕。

# 我們稱之為恐懼症 (Phobia)。

一些不常見的恐懼症：

鈕扣恐懼症
(懼怕鈕扣)

花生醬恐懼症
(懼怕花生醬黏在你的上顎的感覺)

長單詞恐懼症
(懼怕串法長的詞語)

十三恐懼症
(懼怕13這個數字)

# 家庭與朋友

**家庭模式**有很多種，有些是大家族，也有些家庭只有兩個人。

我和媽媽、爸爸、妹妹，還有我們的小狗一起生活。

大部分家庭的成員都會住在一起，但也有些家庭的成員會分開居住。

我來自一個大家庭，有一個弟弟和四個姊妹。

我們是孤兒，由親人撫養長大。

我有一個三代同堂的大家庭，我的祖父母和我們一起生活。

你的家庭是怎樣的呢？

我們是好朋友！

## 友誼

朋友是你**自己選擇**的，他們能親如家人，你可能有一個很親近的朋友、很多朋友或者許多個朋友圈子。當你需要幫忙的時候，可以向你的朋友請求援助。

我平日和媽媽一起住，周末的時候和爸爸一起住。

我們剛剛變成了三人家庭！

# 溫暖的家

你住的地方就是你的家。在家裏，我們會感到**安全**和快樂。

家，溫暖的家！

## 公寓

大城市未必有空間興建獨立洋房，所以城市人會住在公寓裏。公寓是一棟**大型建築物**內的獨立單位。

## 獨立洋房

許多人都住在獨立洋房裏，它的結構有很多種，面積亦**有大有小**。有些人會一個人居住，有些人會和朋友或家人一起居住。

## 白金漢宮
（Buckingham Palace）

白金漢宮是世界上最著名的家之一，位於英國倫敦，住在裏面的是英國皇室。

白金漢宮內有775間房！

## 城市生活

城市和市鎮是**很熱鬧**和滿有生命力的地方，城市裏有很多工作機會，並且有許多供市民消遣娛樂的設施，如店舖、博物館、劇場、戲院和餐館等。

## 鄉村生活

假若你喜歡**大自然**和**新鮮空氣**，郊外地區便是你最佳的居處。鄉郊地方往往會比城市有更多空間、樹木和動物。

## 火星 (Mars) 生活

人類可以在其他星球居住嗎？太空人一直渴望到訪火星，了解一下這個紅色星球。

**火星** ⟍

火星上第一個家或許是被冰覆蓋的充氣帳篷。

唧啾 啧啧

# 最佳寵物

從可愛的小花貓和貪玩的小狗，到滿身鱗片的蛇和色彩鮮豔的雀鳥，所有寵物都需要許多**愛心**和**關注**。

## 虎皮鸚鵡 (Budgerigar)

無論是藍色、黃色、白色或綠色，這些長滿羽毛的朋友都是一羣顏色亮麗、喜歡嘰嘰喳喳的小伙子。

## 貓 (Cat)

毛茸茸的貓科動物熱愛探索和玩耍之餘，也喜歡蜷縮在舒適的位置上睡覺。

## 兔 (Rabbit)

給兔子大量乾草、水和足夠的空間，還有一個兔朋友，牠就會快樂地蹦跳。

## 馬 (Horse)

充滿光澤的毛髮、厚厚的鬃毛和長長的尾巴⋯⋯難怪大家都喜歡馬和矮種馬(Pony)！牠們需要悉心照料和足夠的活動空間，讓牠們能夠奔跑。

## 蛇 (Snake)

大多數蛇都是危險的，但寵物蛇通常沒有殺傷力，你只需要每星期餵牠一次。

你喜歡的寵物是活潑、可愛的？還是

汪汪

喵喵 喵喵

## 獨特的寵物

你能夠想到的最特別和最古怪的寵物是什麼?從秘魯的寵物羊駝 (Alpaca) 到美國某些地區那些有趣的雪貂 (Ferret),這個世界有許多**奇特**的寵物。

### 狗 (Dog)

你猜到了吧?狗是世界上最多人飼養的寵物之一。這可愛的毛小孩友善、忠誠,更是了不起的伙伴。

### 金魚 (Goldfish)

渾身布滿魚鱗的金魚很容易照顧,撒一把魚糧在魚缸裏,牠們便會為了心愛的零食游上來。

### 倉鼠 (Hamster)

倉鼠擁有絲般幼滑的軟毛和無限的活力,是很受歡迎的小型寵物。半夜的時候,牠們常在籠子內奔跑。

### 蜥蜴 (Lizard)

這種爬蟲類生物身上會有圖案或是漂亮顏色的鱗片。放在你的掌中,大小剛剛好。

### 蜘蛛 (Spider)

有些人很怕蜘蛛,但也有些人會將蜘蛛當成寵物。蜘蛛不會發出任何聲音,亦不需要太多空間。

### 熱帶魚 (Tropical Fish)

熱帶魚有大的、小的、帶斑點的、有條紋的……能為我們的家增添色彩。

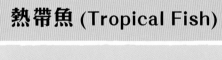

滿身鱗片、滑溜溜的?

# 我身處的世界

當你在看這本書的時候，你身處的世界仍然**在不斷變化**，那就是說，任何時候都可以學習新事物、認識新朋友，還有發現新地方。當你探索世界時，你也會改變，並且每一日都會成長，變得更了不起。

# 時間

我們做每件事情包括吃飯和玩遊戲，都會花掉一些時間，所以**留意**時間是很重要的。你今天會做什麼呢？

所有地方計算時間的方法都是一樣的，否則會造成混亂。我們用秒、分鐘、小時和日來計算時間。

## 日常生活

大部分人每天做的事情都差不多，經常會在**相同時間**起牀、吃早餐、上學、玩耍和睡覺，這稱為日常生活。你的日常生活是怎樣的呢？

**秒：**慢慢大聲吐出「1」這個字，這大概需要1秒的時間。

**分鐘：**1分鐘有60秒，你應該最少花2分鐘時間來刷牙。

**小時：**1個小時有60分鐘，一頓午飯大概需要花1個小時。

**日：**一日就是24個小時。

# 如何使用時鐘

在時鐘上移動的**長針**告訴我們，已經過了多少**分鐘**。

在時鐘上移動的**短針**讓我們知道已經過了多少個小時。

當長針指向正上方，代表踏入了下一個小時，稱為**時**或**點**。

如果短針指向7，長針指向正上方，那就是7時正或7點正。

時鐘上的這些線，一條代表一分鐘。

## 電子時鐘

電子時鐘以數字顯示時間，而不用時針。本頁的兩個時鐘顯示的都是7時正。

## 時區

地球劃分為不同時區，**不同時區的時間都不一樣**。當你在享用早餐的時候，同一時間，在地球另一邊的人正在吃晚餐呢！

# 日曆

運用日曆會更容易記着重要的**日期**，如你的生日。日曆上有日期、星期、月和年。

日和月有不同名稱，幫助我們記錄時間。

## 日

星期一
星期二
星期三
星期四
星期五
星期六
星期日

日曆幫助我們計劃要做的事情。

### 月份

一月
二月
三月
四月
五月
六月
七月
八月
九月
十月
十一月
十二月

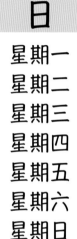

我們用秒、分鐘和小時去計劃我們的每一日，但我們需要用日、星期、月和年來定下更長遠的計劃。

## 日

一日有24小時，一日的時間就是地球自轉了一個圈的時間。

## 星期

每七日為一個星期。

## 月份

每個月份的長度並非都一樣，除了二月會有28或29日外，其餘月份都是30日或31日。

# 十月

| 星期一 | 星期二 | 星期三 | 星期四 | 星期五 | 星期六 | 星期日 |
|---|---|---|---|---|---|---|
| | | **1** | **2** | **3** 學校音樂會 | **4** | **5** |
| **6** | **7** | **8** 足球練習 | **9** | **10** | **11** | **12** |
| **13** | **14** | **15** | **16** | **17** | **18** | **19** 探訪祖母 |
| **20** | **21** 鋼琴課 | **22** | **23** | **24** | **25** | |
| **27** | **28** | **29** | **30** 我的生日！ | **31** | | |

## 年

一年就是地球環繞太陽一圈的時間，一年有365日，等於52個星期或12個月。每隔3年便是閏年，閏年有366日。

日曆非常實用，能夠幫你記下重要的日期，例如你的生日。

37

# 上學去

全世界的孩子都需要上學，學生在學校中學習**重要技能**，以幫助他們成長。

| 校服 | 課堂 | 老師 |
|---|---|---|
| 一些孩子上學時會穿着自己的衣服，但有些孩子需要穿**校服**。 | **數學、英文和科學**只是在學校中要學習的部分科目，你還要學習其他有用的學科。 | 老師有很重要的工作，那就是**幫助學生學習**一個或多個科目。 |

我可以穿牛仔褲上學。

我需要穿校服。

當你的學習遇上困難時，老師會幫助你。

## 上學方式

一些小孩會乘私家車、坐巴士、搭火車、踏單車或步行去學校，總之，上學的**方式有很多**！

有些地方會有專為學生而設的校巴。

| 學校膳食 | 下課後 | 持續進修 |
|---|---|---|
| 有些孩子會自備午餐飯盒，有些孩子會在學校飯堂用膳。 | 許多孩子都會有從學校帶回家的習作要做，這些習作稱為功課。有些孩子會參加課後活動班或興趣班。 | 不光只有孩子會上學，許多成年人都會去上課，提升自己的技能和吸收新知識。 |

學校膳食取決於你在哪兒上學。

有些孩子下課後會參與體育活動。

我重返校園了！

有些孩子會在黑板上寫字。

39

# 世界上的學校

每個地方的學校做法都會有少許不同，但每一間學校都希望孩子接受良好的**教育**。

有些學生需要步行數公里才到達學校。

**美國**
學校的體育活動是美國文化的重要一環。

**巴西**
許多學校在午飯時間都會關門，學生可以回家和父母一起吃飯。

我在巴基斯坦的學校上學，我身邊的朋友不是每個人都可以上學。

**智利**
在智利，小孩們每一年都會有三個月的學校假期。

## 援助

在一些許多孩子都沒有機會上學的地方，有些慈善機構會籌款，興建學校和培訓老師。

在阿根廷的學校

在芬蘭，我們七歲才開始上學。

**中國**
在中國，當學校播放國歌時，學生們必須要肅立。

**南韓**
由2019年開始，南韓的小學都要教授學生編寫電腦程式。

在中國的學校

書道

**日本**
在日本差不多每個孩子都要上學，除了數學和科學等科目，學生還要學習傳統的日本藝術，如日本的書法──書道。

**印度**
在印度勒克瑙，城市蒙特梭利學校有超過55,000個學生，是世界上規模最大的學校。

**南非**
在南非，人們努力工作，力求每一個孩子都能接受到基本的教育。

在坦桑尼亞的學校

我在學校很用功，也喜歡與同學見面。

41

# 工作的世界

勤力工作非常重要，幸好，世界上有很多了不起的職業！

我是太空人，我的工作是探索地球以外的地方。

## 你長大後……想做什麼工作？

### 工程師

設計、建造和改良**機器與結構**，是工程師工作的一小部分。

### 太空人

有想過坐在火箭內**飛越太空**是什麼感覺嗎？成為太空人，你便可以夢想成真！

**火星探測器**

### 獸醫

你喜歡動物嗎？你想去幫助那些**可憐的動物**回復健康嗎？上科學課，學習和動物有關的知識，你便能做到。

### 作家

想寫一本暢銷書嗎？**拿起筆和紙**，開始寫作吧！

### 科學家

作為科學家，你可以研發出拯救生命的藥物、了不起的發明或**拯救地球**的方法。

42

## 農夫

如果你喜歡清早起牀和長時間在戶外工作，農夫這個飼養動物和栽種食物的工作，大概會適合你。

我們的食物，很多都是由農夫種植的。

## 表演者

你喜歡演戲、唱歌、跳舞和成為舞台的焦點嗎？如是，你可以考慮當一個**專業藝人**。

## 設計師

你是否對時裝充滿熱情，或者擁有**時尚眼光**？或許你的未來職業就是設計師！

## 建築工人

想建一座連女皇也想住的房子嗎？戴上你的裝備，進入建築地盤吧！

## 機師

想要一份常常看到美景的工作？機師大部分的工作時間都在雲端上飛行，更能**環遊世界**。

## 運動員

你是一個極速短跑手？滿有天分的網球手？或是超級游泳好手？要成為最優秀的運動員，需要經過多年努力和訓練，但你有機會成為**最出色的那一個**。

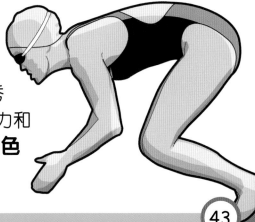

# 緊急救援服務

許多人的工作是**努力地**照顧他人，他們的職責就是保障我們的**安全**和**健康**。

> 我從空中游繩拯救別人。

**直升機救援**

> 當有人需要急救時，我會飛快抵達現場。

> 有些醫生會在醫院工作，而我卻在診所工作。

## 海岸巡邏隊

倘若有人在海中需要救援，海岸巡邏隊會跳上**救生艇**並快速展開救援工作；飛行服務隊工作大致也是如此，但他們使用的的交通工具是**直升機**。

## 救護員

救護員的工作是，在**救護車**將病人送進醫院前，替病人進行緊急治療。

## 醫生

成為醫生前，必須要先接受多年的**訓練**。醫生的工作是保證患病或受傷的人得到最恰當的**治療**。

## 護士

協助醫生與照顧病人的工作並不容易，然而，對護士來說是值得的。

## 警察

為了讓每個人都**感到安全**，警察有權力拘捕犯法的人。

## 消防員

消防員駕駛**消防車**迅速趕到事故地點將火撲滅，讓市民能平安**脫離險境**。

# 注意安全

這個世界有時會是一個**很混亂**的地方，重要的是，懂得如何保持安全和在危急的情況下要如何反應。

## 遇上緊急情況

當有意外發生時，你或許需要**致電求救**。讓你的父母或監護人給你緊急救援服務的電話號碼吧！

你可以把名字告訴緊急救援服務的工作人員，因為他們的工作就是幫助你。

**救護車**
當你或任何人受到嚴重傷害時，救護員能幫助你。

**警車**
假若你看到罪案發生，警察可以幫助你。

**消防車**
當發生火警或有人需要救援時，消防員能給予幫助。

注意：只有真正遇上危急情況時，
才致電緊急救援服務尋求幫助。

## 停一停，看一看，聽一聽！

過馬路前，請看清楚兩邊的馬路情況。

## 危險的陌生人

千萬不要乘搭陌生人的車或接受對方的食物，獨自在家的時候別開門給不認識的人。

## 保持網絡安全

網絡很棒，但不是所有網上的資訊都是有用和可信的。當你對任何在網上接收到的信息感到疑惑時，請立刻跟家中的成年人說明情況。

## 結伴而行

永遠不要獨自走在路上，倘若你意外地跟同行的人分開了，請保持鎮定，因為他們很可能就在你附近。如果你還是看不到他們，請留在原地並將事情告訴身邊的成年人。

## 你可以信任的成年人

- 老師
- 醫生
- 消防員

詢問你的父母或監護人，讓他們幫你想想，還有哪些成年人是你可以信任的。

## 說出來

倘若有一些發生在你身上的事情令你感到擔心、悲傷或疑惑，請告訴你所信任的成年人，他們不會介意，因為他們都想要幫助和保護你。

# 欺凌

　　欺凌這個詞語很難解釋和形容，但當你從來不獲邀請、經常被孤立或害怕某個人，你便會明白**被欺凌的感受**。欺凌行為包括：

捏人

辱罵人

取笑人

使人感到尷尬

孤立人

戲弄人

搬弄某人的是非

踢人

除了以上情況，任何針對某一個人，並且會令對方感到不開心的行為，都屬於欺凌。

## 尋求幫助

如果你正被欺凌，你並不孤單，有無數人都曾經經歷過這情況，也有很多人願意幫助你。請你告訴家中長輩和學校老師，直至欺凌的情況停止。**欺凌並不正常，也從來不是可以容忍的行為。**

## 為什麼人要欺凌別人？

欺凌別人的人，常常都會感到不快樂、孤單和無力。他們通常都是某個人欺凌的對象，於是便透過傷害別人來吸引別人注意。欺凌人的孩子通常不懂得如何結交朋友，如果你可以，嘗試向他們示範如何與朋友友好相處。

## 做個超級英雄

你可以藉着**站出來對抗欺凌，成為一個超級英雄！**最好的對抗方法是，表達你的意見及將事情直接告訴成年人。倘若你知道有人被欺凌，試試去幫助他。

在互聯網上的欺凌行為稱為網絡欺凌，這種欺凌行為和其他方式的欺凌一樣差勁。

縱使你受到不好的對待，也不會令你改變，你仍然是個了不起的人！

49

# 食物

我們需要食物維持生命。**均衡飲食**會帶給你能量、幫助你成長，還能讓你的身體保持健康。

香蕉

西蘭花

蘑菇

粟米

西蘭花、羽衣甘藍等**蔬菜**對健康都有好處，別忘了吃蔬菜啊！

洋蔥

蘋果

車厘子

士多啤梨

紅莓

羽衣甘藍

番茄

馬鈴薯

蘋果、橙及其他**水果**不光對我們的皮膚有好處，更有助我們將食物殘渣排泄出來，是健康的零食。

素食者是指那些選擇不吃肉類的人。

橙

西瓜

米

意大利麵

提子

澱粉質食物如馬鈴薯、飯和麵包，稱為**碳水化合物**，它們是我們體內能量的主要來源。

麵包

芝士、牛奶及乳酪都是**奶製品**，它們含有鈣質，能幫助你保持牙齒、指甲、肌肉與骨骼強壯和健康。

腰果

合桃

肉類、豆類、雞蛋和果仁含豐富**蛋白質**，有助你的身體發育和促進新陳代謝。

蝦

牛油

乳酪

芝士

雞蛋

小扁豆

橄欖

牛油果

豆

魚

雞

健康**脂肪**如橄欖和牛油果中的油脂，能幫助我們的身體吸收維他命。當然，我們不該進食擁有太多不健康脂肪和**糖分**的食物，例如煙肉和糖果。

糖果

# 世界各地的食物

世界上每個國家，都有自己的美味食物和**傳統菜式**。嘗試從未吃過的食物和發現新的口味，實在樂趣無窮。

## 西班牙海鮮飯

西班牙海鮮飯是**西班牙**的著名米飯菜式。差不多每一個國家的人都會吃飯，但有些地方的人每一頓正餐都要吃飯。

科學家已經發明了無肉漢堡，味道和真的漢堡差不多！

將磨碎的芝士加在意大利麵內，能夠調味和提升香味。

## 意大利麵

意大利麵種類多達數百種，每種形狀的意大利麵都是為某種醬汁而特別設計的。

## 壽司

這些精緻的**日本**食品以珍珠米製作而成，通常以新鮮的生魚片作配料，賣相漂亮，看上去像是藝術品。

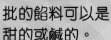

批的餡料可以是甜的或鹹的。

## 墨西哥捲餅

這款**墨西哥**菜式，主要食材是粟米或小麥薄餅，裏面會夾着豆、肉、海鮮、蔬菜和其他配料。

## 薄餅

薄餅是**意大利**的發明。麵餅會塗上番茄醬、芝士──有時還有其他配料──然後放入非常熱的焗爐內烤焗。

## 希臘沙律

橄欖是這道夏日美食不可缺少的食材，它們生長在**希臘**那些陽光充足的翠綠叢林間，還可以壓榨成橄欖油。

泡菜是一款韓國食品，由辣白菜醃製而成。

# 農場

有沒有想過，飯桌上的**食物**是從哪裏來的？大部分你吃的食物都是在農場種植或飼養的。

我們嚇走雀鳥，保護種子不被偷走。

稻草人

## 農場裏的動物

豬、牛和雞長大後會成為我們吃的肉類，但有些動物會被保留下來生產奶類或毛線。

綿羊

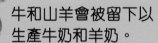

牛和山羊會被留下以生產牛奶和羊奶。

拖拉機

**母牛和小牛**

母雞是雌性的雞，牠們會下蛋並孵出小雞。

山羊

雞

**走地雞**可以在空地上走動，不會被關在雞舍裏。

農夫會使用拖拉機和收割機等機器在農場工作。

## 混合收割機

狗可以接受訓練，幫助農夫管理農場其他動物。

**羔羊**

咩！

羊毛會用來製作毛線。

**小豬**

## 農場內的植物

我們用作食物的植物叫**農作物**，農作物的品種很多，以下是其中六種主要的農作物：

小麥是草的一種，製成小麥粉後，可以加工成為麵包和蛋糕。

和其他農作物相比，米的種植量是最多的，差不多全世界一半人口每日都會吃米飯。

粟米又名玉米，可以拿着整支粟米棒吃或將粟米粒作材料，與其他食物一起吃。

紅蘿蔔生長於地底下，現在見到的紅蘿蔔是橙色的，但最初的紅蘿蔔是紫色的！

黃豆可以用來製成豆漿和豆腐，同樣可以製成供動物吃的飼料。

甘蔗生長於炎熱地區，它會被製成糖，味道很甜。

# 救救地球

有許多方法可以**照顧我們**的地球，為了讓未來的人也可以享受它，地球需要你的幫助！

## 採用潔淨能源

人類燃燒燃料作車子、工廠和家中的能源，但是這樣做，會在空氣中釋放一些有害物質。其實，我們可以採用風力或太陽能等**潔淨能源**來發電。

**風力發電機**

**太陽能板**

## 做森林的朋友

森林非常**重要**！樹木淨化我們吸入的空氣，亦是很多動物的家園。然而，因為要騰出空間建造城市或農場，以及製造木材或紙張等物件售賣圖利，無數森林被砍伐，所以我們應該選購環保產品公司的商品。

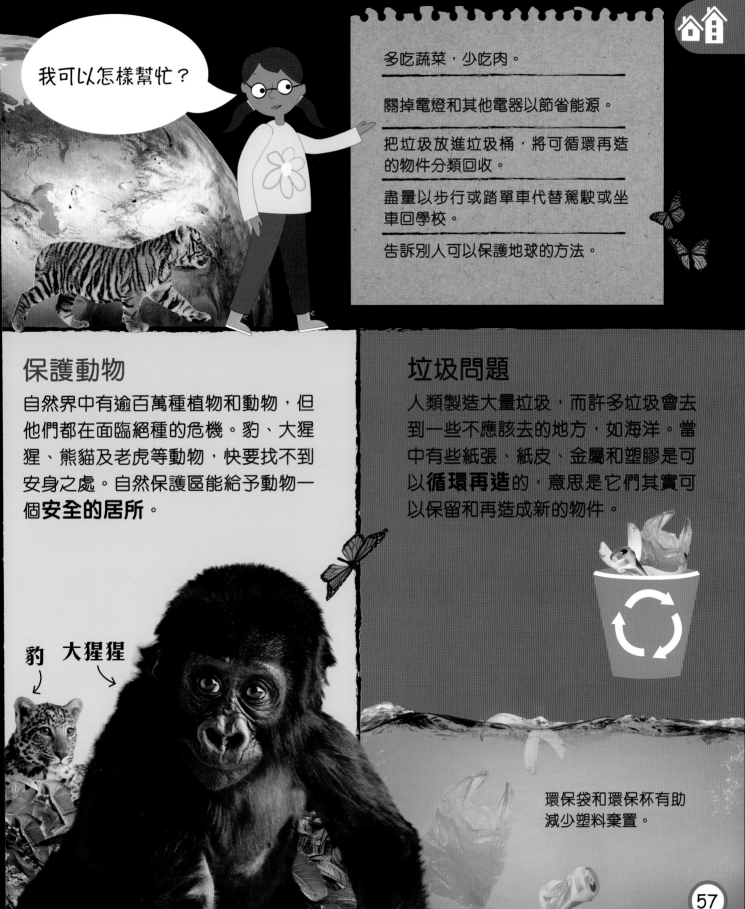

我可以怎樣幫忙？

🏠

多吃蔬菜，少吃肉。

關掉電燈和其他電器以節省能源。

把垃圾放進垃圾桶，將可循環再造的物件分類回收。

盡量以步行或踏單車代替駕駛或坐車回學校。

告訴別人可以保護地球的方法。

## 保護動物

自然界中有逾百萬種植物和動物，但他們都在面臨絕種的危機。豹、大猩猩、熊貓及老虎等動物，快要找不到安身之處。自然保護區能給予動物一個**安全的居所**。

豹

大猩猩

## 垃圾問題

人類製造大量垃圾，而許多垃圾會去到一些不應該去的地方，如海洋。當中有些紙張、紙皮、金屬和塑膠是可以**循環再造**的，意思是它們其實可以保留和再造成新的物件。

環保袋和環保杯有助減少塑料棄置。

人造衛星圍繞地球運行，用巨型望遠鏡從太空拍攝地球相片。

電腦已發展得越來越聰明，有些電腦甚至只需用眼睛，便能操作它。

# 科技

幻想一下，生活中沒有汽車、電腦或電話……先要有人發明，我們才有機會享用這些科技產品。

## 科技知多點

科技並非只是時尚的小玩意，它無處不在，更是我們每天都會用的。你的單車、藥物、相片、城市中的發電機……還有許多事物都是科技產品。

心率監測器讓我們知道自己的心跳頻率。

我們可以在手機、平板電腦、電腦和遊戲機上玩**電子遊戲**。

我的輪椅是特別設計的，所以可以迅速移動。

# 科技是用科學方法創造出新而且有用的東西。

**輪椅** 是一個偉大的發明，可以讓有需要的人移動和做運動，如輪椅籃球和輪椅英式橄欖球。

**塑膠** 是很有用處的科技產物，它是一種很堅固的物料，但要處理也是很困難的事，因它沒法完全分解。

**電話** 被發明以前，住在遠處的人要寫信，並且要等好幾天才能得到回覆。現在，我們可以直接發短訊給對方或通電話。

# 金錢

人們用錢來**購買**他們需要或想要的東西，這些東西可以是食物、衣服、機票或玩具，然而，在你會花錢之前，你需要先學會賺錢。

## 賺取金錢

為了賺取金錢，人們會去工作，用他們的時間和努力換取金錢。付款方法很多，包括現金、信用卡、支票和網上繳費。

## 銀行

為安全起見，很多人會將錢放在銀行戶口內保存。

在貨幣被發明之前，人們會用一些小物件如豆莢或貝殼等，換購物件或交易。

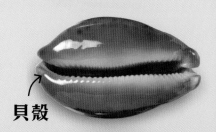

貝殼

## 不同地方的貨幣

你到別國旅行的時候，那兒的人使用的貨幣或會跟你慣用的**不同**。在英國用的是英鎊（Pound）；美國用的是美元（Dollar）；在印度用的是盧比（Rupee），而在非洲用的是蘭特（Rand）。你居住的地方用的是哪一種貨幣？

**中國古代錢幣** ↘

## 匯率

通常一個國家的貨幣轉換做另一種貨幣時，會變成不同的數額，例如1美元大概等同120日圓，不過匯率經常**改變**。

第一個錢幣約在3,000年前出現。

## 物件的價值

物件有價值高低之分，例如一條麵包的價值比一輛汽車低，因為麵包較易製作，但汽車需要用到昂貴的物料和花費較長時間才能完成。

 =  =

# 能源

有想過為什麼你輕拍一下開關，燈便會亮起嗎？這是因為**電力**的緣故。電力是能源的一種，我們利用能源驅動各種事物。

發電廠產生電力。

## 能源的種類

能源的種類很多，當中包括熱量、聲音、化學和機械，就如房子需要電力，你的身體也需要從食物而來的化學能一樣。

**發電廠**

**輸電塔**

電力通過輸電塔和電纜傳送到建築物內。

我們需要產生大量電力以供整個城市使用，

風力發電機的巨型槳葉可以順風旋轉，藉轉動的槳葉產生能源，再轉化成電力。

太陽能板從陽光收集光源後產生電力；有些人會在屋頂設置太陽能板，自行生產電力在家中使用。

太陽能板

動能(Kinetic energy)
這種能源讓人們能活動,使你可以跑、跳和跳舞。

聲能

電熱水壺內開始煮水時,電力便會變成熱能。

吃進肚內的食物會成為我們身體活動的能源。

## 能源的種類

煤和天然氣這些電力的來源,稱為**化石燃料**(Fossil fuel)。這類資源已所餘無幾,我們也無能力製造更多,但是,太陽能、風力和水力都是很好的發電方法,因為它們都是可再生能源。

風力發電機 →

---

# 產生電力的方法有很多。

水壩建築在河流上,水可以急速流過管道,轉動渦輪中的槳葉,從而產生電力。

煤、油和天然氣是由死去數百萬年的植物和動物殘骸所形成,燃燒它們可以釋放能源,但同時對環境有害。

# 交通工具

由一個地方去另一個地方，有超過一百種方法，以下介紹的交通工具，哪些你曾使用過？

**直升機**

載你去到天空上，從上空俯視繁忙的世界。

**火車**

**消防車**

道路上有許多有用的車輛，例如建築地盤內的挖掘機和趕往救援的消防車。

**拖拉車**

## 天空

**飛機**

**熱氣球**

## 陸地

在陸地，我們可以步行或乘車到處去，你最喜歡的方式是哪一種？

**混凝土攪拌車**

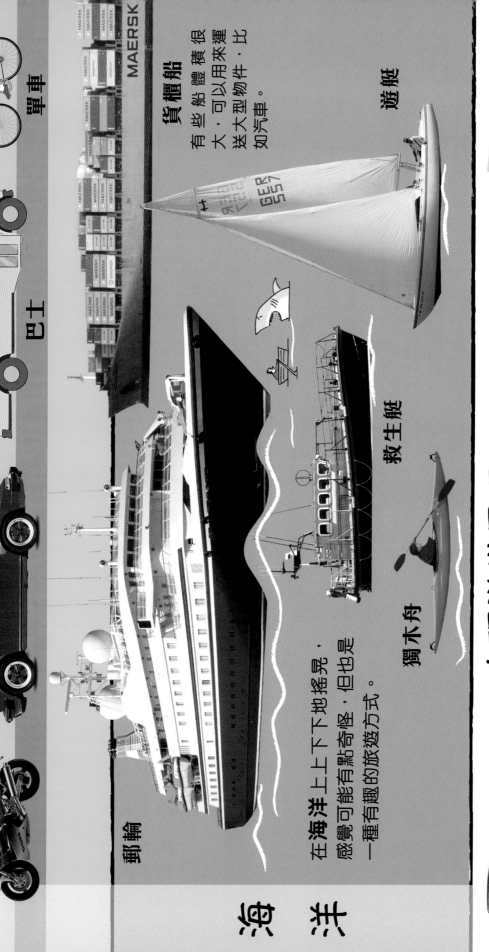

單車

巴士

私家車

電單車

## 貨櫃船
有些船體積很大，可以用來運送大型物件，比如汽車。

遊艇

救生艇

獨木舟

## 郵輪
在海洋上上下下地搖晃，感覺可能有點奇怪，但也是一種有趣的旅遊方式。

# 海洋

# 去環遊世界吧！

騎着由哈士奇拉動的雪橇，滑過滿布白雪的森林。

在意大利威尼斯，坐在貢多拉船上探索這個繁忙的運河。

在泰國和印度乘坐「篤篤」——一種半電單車半汽車的交通工具，是很有趣的遊覽方式。

65

# 令人驚歎的**網絡**

**人造衛星**

數十億部電腦**連結在一起**跨越整個世界，組成了互聯網。世界各地的人可以透過互聯網分享資訊。

> 萬維網（World Wide Web）是互聯網上的網頁網絡。

我們可以在電腦、智能手機、平板電腦等載體登上互聯網。

## 你可以上網做什麼？

買賣東西

玩遊戲

學習新事物

發送信息

下載和串流相片、音樂和電影

## 互聯網是如何運作的？

電腦透過網絡纜線或無線網絡，經由太空中的人造衛星連結在一起。當電腦彼此連接起來，便可以互相溝通、**交換資訊**，如傳送相片、文字、聲音和影片等。

你可以透過互聯網，與在世界另一邊的人視像通話。

我們用名為瀏覽器的程式，在萬維網上看不同網頁。

### 上網要謹慎

在你上網之前，請先和長輩一起看看你要使用的網頁，他們可以告訴你**哪一個網頁是安全的**。一旦看到一些令你不開心的事物，即時告訴他們。

小心！

# 社交媒體

　　社交媒體是一個與朋友保持聯絡的好渠道，但是在使用前，你需要先和**父母**或監護人**檢查**一下所用的平台。

你可以透過社交媒體與**全世界**的人對話。

## 預備上網

要使用社交媒體，你需要有一個平板電腦、智能手機或電腦。如果你家裏沒有，你可能要使用學校或圖書館裏的電腦。

## 安全措施

緊記下面的提示,確保你安全、
愉快地使用社交媒體。

一些社交媒體需要你年滿13歲才
能使用,但也有些專為兒童而設
的社交網站。

個人資訊必須保密,縱使只是一
張你穿了校服的相片,也可以讓
那些不懷好意的人在現實世界中
找到你。

盡管網絡上的陌生人看
起來像是好人,千萬
不要跟他們交談,因
為你不會知道他們的
真實身分。

別忘了享受網絡以
外的生活!

社交媒體會令你過分顧慮別
人的看法,而你並不需要靠
討好別人來得到快樂。

張貼或傳送每個內容之
前,先仔細想清楚。一旦
在網上發布了,任何人
也能看到。

# 度假去

　　旅遊充滿樂趣！去旅行的目的可以是休息、體驗別國的文化，還有與朋友、家人共同創造美好的**回憶**。

## 度假方式

人們會用他們的時間做不同事情，因此對於不同人有不同度假方式，無需感到驚訝，世界上有許多種度假方式供大家選擇。

有些人喜歡刺激，他們選擇不休息，而且熱衷一些刺激的活動如攀山、跳傘、水肺潛水或激流泛舟等。

有些人喜歡回歸大自然，選擇**露營**，他們可以在野外的星空下睡覺、用火烤棉花糖。

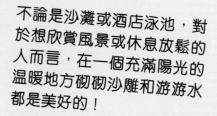

不論是沙灘或酒店泳池，對於想欣賞風景或休息放鬆的人而言，在一個充滿陽光的溫暖地方砌砌沙雕和游游水都是美好的！

人們喜歡**滑雪**的其中一個原因，就是沒有風景能媲美從山頂上看到的景色。從山頂急速滑行，更令人感到刺激興奮。

**郵輪**就像一間龐大的漂流酒店，從一個地方航行到另一個地方，巨大的船內有餐廳、泳池和各種各樣的活動，確保乘客旅程愉快。

狩獵旅遊，是指在野外觀察動物在自然棲息地生活的旅遊方式，對很多人來說是畢生難忘的旅行。

世界上有許多令人讚歎的城市。探索她們，享受令人眩目的景色、音樂、食物和旅遊景點，實在是無與倫比的體驗。

# 沙灘上

你想悠閒地躺在陽光下？在海中暢泳？還是在沙上玩樂？在沙灘，我們有許多事情可以**做**，有許多景物可以**欣賞**。

有些沙灘會有卵石，有些沙灘完全被沙覆蓋。沙是由無數非常細小的碎石和礦物質造成的。

## 沙灘排球

這個沙灘遊戲要將參與的人分成兩組，組員用手或臂擊球，使球越過球網。球不能碰到地面或球網。

## 沙灘活動

許多人去到沙灘後，**會看書放鬆**、野餐、享受日光浴，有些人會享受游泳、滑浪、玩遊戲、拾貝殼和砌沙堡的樂趣。你喜歡做什麼？

沙灘中滿是樂趣，然而，安全第一！別在沒有人看管的情況下游水，還有，記得塗太陽油。

## 揚帆出海

風帆運動員利用風控制船在海上移動，你可以按喜歡的速度航行或參與風帆比賽。

## 浮潛

浮潛人士會戴上潛水鏡觀賞海底世界並用呼吸管呼吸，使他們不用浮上水面吸取空氣。

人與文化

你有沒有想過在地球不同角落的**其他人**，過着怎樣的生活呢？他們上的學校和吃的食物，跟你一樣嗎？他們會和你興趣相同嗎？你或會因為自己和世界上其他地方的人有這麼多共通點，而感到驚訝。

# 語言

分享知識、述說故事和表達情緒有什麼共通點？
因為有語言，這些事情都會**容易得多**。

嗨！

你好嗎？

## 世界五大語言

### 漢語

漢語是世界上最多人用的語言，有超過10億人都在使用；漢語有許多不同方言，其中以普通話最為普遍。

### 西班牙語

西班牙語是第二多人說的語言，世界上不同國家都有人在使用這種語言。

### 英語

超過100個國家的人都以英語作為母語，也是全球最多人使用的第二語言。

會說多於一種語言的人，可稱作「雙語者」或「多語者」。

你好
(Nǐhǎo)

Hola!
(oh-lah)

Hello!
(hell-low)

## 語言是什麼？

語言是人們**溝通**的渠道，形式可以是口語或書面，不同國家的人都在使用許多不同的語言。

再見！

全世界約有7,000種語言。

## 阿拉伯語

在中東和非洲有超過2億人在使用不同變體的阿拉伯語言。

## 印地語

印度有過百種語言，但最普遍使用的是印地語，大概有2億人在說印地語。

Marhaban!
mar-har-ban)

Namaste!
(nuh-muh-stay)

## 其他語言

不是所有語言都是用口講或用筆寫的，失聰人士會以**手語**（Sign language）溝通，失明人士會用一個叫**點字**（Braille）的系統來閱讀。

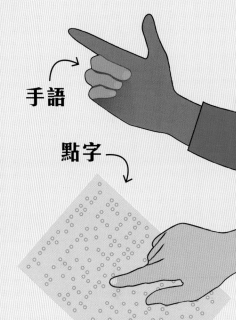

手語

點字

電腦程式也有它們的專屬語言。

# 宗教

人類一直都在嘗試釐清人生的**大問題**。在這個世界上，有一些人會信奉宗教，藉此去學習如何活出更美好、更有意義的生命。

 佛教(Buddhism)　 基督教(Christianity)　錫克教(Sikhism)

**信眾**：佛教徒
**敬拜場所**：精舍(廟宇)
**聖書**：三藏
**地方領袖**：喇嘛

佛教徒遵守生於約2,000年前的釋迦牟尼的教導。

**信眾**：基督徒
**敬拜場所**：教會
**聖書**：聖經
**地方領袖**：神父或牧師

教會 →

基督徒相信只有一位神，而主耶穌基督是祂的兒子。

**信眾**：錫克教徒
**敬拜場所**：謁師所
**聖書**：古魯・格蘭特・薩希卜
**地方領袖**：無

錫克教徒不會剪髮，他們相信讓頭髮自然地生長，能令他們與神和諧共存。

釋迦牟尼 ↙

# 我相信！

世界上有逾百種宗教，每個宗教都有自己的教義和信條，有些宗教會向一位神敬拜或禱告，也有些宗教不止一個神。

你不一定要相信任何神或宗教。

最重要的是，尊重別人的生活方式和信仰。

---

|  猶太教(Judaism) | ☪ 伊斯蘭教(Islam) | ॐ 印度教(Hinduism) |
|---|---|---|
| **信眾：**猶太人<br>**敬拜場所：**猶太會堂<br>**聖書：**塔納赫<br>**地方領袖：**拉比 | **信眾：**穆斯林<br>**敬拜場所：**清真寺<br>**聖書：**古蘭經<br>**地方領袖：**伊瑪目 | **信眾：**印度教徒<br>**敬拜場所：**印度廟<br>**聖書：**吠陀經、薄伽梵譚<br>**地方領袖：**班智達、上師 |

印度教信奉很多神，包括梵天、毗濕奴、濕婆和象神。

穆斯林遵守五功，其中一個是禮拜，一日五次向真主阿拉禱告。

**光明節燭台**

猶太教是世上最古老的宗教之一，約有3,500年歷史。

**祈禱毯**

**濕婆**

# 慶祝活動

全世界的人都喜歡慶祝，但是有些節日對某些地方、文化、宗教和人來說，有特別意義。

## 亡靈節

在墨西哥，人們會在亡靈節透過禮物、食物和蠟燭紀念先人。

## 生日

全世界的人都會慶祝**出生**的那一日，慶祝時通常都會吃生日蛋糕。

## 婚禮

一對成年人因為想與對方**一起**生活而結婚，而每個文化羣體都有各自獨特的婚禮傳統。

## 感恩節

在這個收穫時節，家人和朋友會一起享用一頓**特別的晚餐**，並為到自己獲得的東西表達感恩。

## 光明節

**猶太人光明的節日**，持續八天以慶祝盼望的重要。

## 寬扎節

這個節日是透過音樂、筵席和特別的蠟燭，慶祝**非洲文化**和羣體。

## 為什麼我們要慶祝？

不論傳統為何，慶祝通常都是一個可以與所愛的人**歡聚**的時間，思想什麼對大家來說是重要的事和享受歡樂。

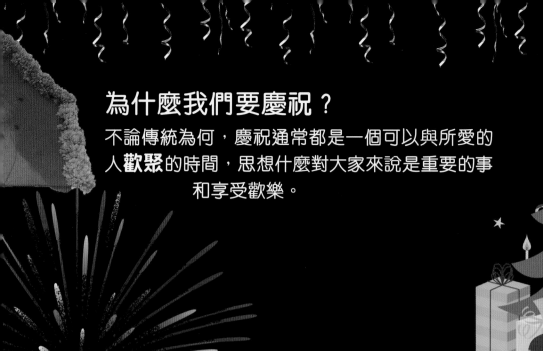

| 元旦 | 農曆新年 | 聖誕節 |
|---|---|---|
| 12月31日午夜時分，色彩豔麗的煙花會在空中綻放，慶祝新一年的**開始**。 | 農曆新年慶祝的焦點在於祝福家人和朋友，在新一年裏都有**好運**。 | 基督徒會在聖誕節上教會、布置聖誕樹和交換禮物，紀念**主耶穌降生**。 |
| |  | |
| 懺悔節 | 嘉年華 | 逾越節 |
| 在懺悔節，人們會穿上**奇裝異服**享用筵席和在街上巡遊。 | 巴西里約熱內盧的嘉年華是一個**大慶典**，在每年的四旬節前舉行。 | 逾越節是猶太人的節日，長達一星期，為了紀念**摩西**帶領猶太人獲得自由。 |

81

# 繼續慶祝吧！

## 元宵節

農曆新年的最後一天，天上掛滿紅色的燈籠。

## 侯麗節

印度教徒會到處撒彩色粉末，在這個**色彩的節日**慶祝愛和春天的到來。

## 排燈節

在排燈節這個光明的節日裏，印度教徒、錫克教徒和耆那教徒會點上一盞**小油燈**。

## 鬼節

亞洲許多國家都會有餓鬼節，以**紀念**已過世的親人朋友。

## 節分

節分這個日本節日在春天來臨前不久舉行，其中一個儀式是人們會撒黃豆以**驅逐邪魔鬼怪**。

## 芋頭豐收節

在芋頭豐收節期間慶祝**收成**，是許多西非地方的文化。

# 節慶的樂趣

### 追芝士大賽
在英國格洛斯特郡，每一年選手都會在陡峭的山坡上追逐一個正滾落山下的芝士輪。

### 食物大戰
每年，西班牙的布尼奧爾都會舉行番茄節，人們會互擲番茄。有誰要喝番茄湯嗎？

### 榮耀的泥土
在南韓保寧市的泥漿節——世上其中一個最骯髒的節日上，會有逾千人在泥濘中翻滾。

## 齋戒月

在這一個月份，世界不同地方的**穆斯林**，從日出起至日落期間會禁食。

## 開齋節

在齋戒月**完結**時，穆斯林會以盛宴慶祝，這就是開齋節。

**開齋節食物**

## 錫克光明節

這個**錫克教節日**主要目的是慶祝新年，而跳舞、唱歌和巡遊都是其中一部分的活動。

## 復活節

復活節是基督教在春天的節日，目的是慶祝**主耶穌基督**從死裏復活。許多國家的人都會在雞蛋上繪畫來慶祝。

## 潑水節

在泰國，這個佛教節日以**水戰**的方式慶祝新年的開始。

## 佛成道日

在佛成道日，佛教徒會紀念**釋迦牟尼**在菩提樹下覺悟成佛的事跡。

# 我的衣服

衣服的任務是保持我們身體**溫暖**，但是也可以擁有宗教或文化意義。有些衣服有特別功能，有些衣服純粹為了打扮。

## 我的故事

我們的衣服可以告訴別人關於我們的故事，例如我的喜好或來自哪個地方。你的衣服能透露什麼有關你的信息呢？

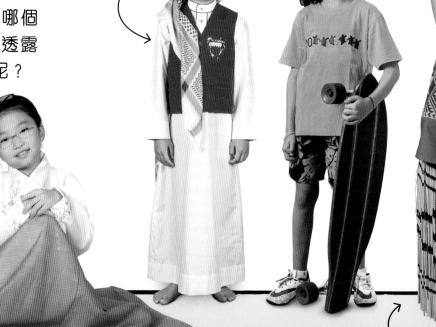

**索布**

**毛利草裙**

### 韓服

韓服是韓國傳統服飾，韓國人會在特別的日子如慶典或節日穿上它。

**串珠項鍊**

馬賽部落民族會穿戴串珠項鍊和串珠服飾，每一顆串珠都有意義。

### 蘇格蘭短裙

這條男士及膝格仔裙是蘇格蘭部分地區的傳統服飾，稱為Kilt。

## 時裝

設計師會在時裝發布會上展示其新的服飾意念。時裝潮流**不斷變化**，要緊貼最新潮流是件困難的事。

**沙麗克米茲**

沙麗克米茲是印度、巴基斯坦和孟加拉某些地方的傳統服飾。

夏天服飾

太陽帽

太陽眼鏡

短褲

泳衣

無袖連身裙

短裙

人字拖

冬天服飾

帽子

大衣

毛衣

靴子

連指手套

襪子

長褲

頸巾

牛仔褲

85

# 購物

需要新**衣服**嗎？又或許你想要一件耀眼的新**玩具**？是時候去購物了！

## 商店類型

商店類型五花八門，從傢俬店到花店，不同類型商店售賣不同貨品，例如魚檔只會售賣海鮮。

## 藥房

不舒服？藥房不光有藥物，還有其他健康產品和美容產品供你選購。

## 服飾店

發育成長期間，你需要大一點的衣服才能穿得下。去服飾店選購合身的新服飾，買一些醒目亮眼的外衣、外套、內衣褲和睡衣吧！

## 超級市場

在超級市場內，你可以找到各式各樣的貨品：食物、清潔用品、廚具、飲品等等。

## 網上購物

網上商店提供很多貨品選擇。有些人沒有時間逛商店，所以他們會在網上購物並讓店家將貨品直接送到家中。

**英格蘭　哈姆雷斯玩具店**
從泰迪熊到小型賽車，只要你想到的玩具，都能在哈姆雷斯內找到。這間店是世界上最古老的玩具店之一。

**摩洛哥　馬拉喀什市集**
馬拉喀什市集是一個令人流連忘返的市集，在這兒你能夠找到小地毯、服飾、香料和提燈。

## 書店

不管你喜歡的是恐怖故事、智力遊戲或是活動遊戲書，任何時候，在書店內都有令你驚喜的讀物供你購買和閱讀。

## 傢俬店

為了將房子變成家，你會需要一些家具。傢俬店內有椅子、桌子、沙發、牀和壁櫃等供你選購。

**泰國　曼谷水上市場**
見過在水上的商店嗎？曼谷的水上市場很著名，商販會在自己的船上售賣美味的食物。

# 嗜好

你如何打發時間？你會去見朋友、玩遊戲、沉浸在書的世界裏，還是出發冒險？嗜好指的是一些讓自己得到**樂趣**的事情。

## 美食

探索咖啡室和餐館，發掘新鮮而美味的食物，然後回家自己嘗試做做看。

## 藝術

你喜歡創作嗎？素描、攝影、繪畫和編織都是有趣並能啟發創意的嗜好。

## 大自然

你有空的時候會喜歡外出嗎？在戶外有許多事情可做，例如釣魚、露營和觀賞雀鳥。

## 電影與電視

看電影或電視節目的時候，你可以投入到故事中，學習一些新事物或純粹放鬆一下。

## 電腦

當你投入到電腦遊戲中或在網上學習時，時間便會一閃而逝。

## 寵物

很多人會將時間花在照顧寵物上，照顧寵物雖然花費不少時間，但得到的卻更多！

很多人會參與社區團體或活動，如打理公共花園，這是一個結交朋友和學習新事物的好方法。

## 音樂

如果你喜歡聽音樂，或許你也會享受學習樂器和唱歌。

## 旅行

許多人會在居住的市鎮或城市尋幽探秘；有些人則會到外地旅遊，體驗其他地方的生活。

## 運動

你會跳舞、打籃球、踏單車或做瑜伽嗎？世上有許多劇烈的運動令你能活動一下。看心儀的隊伍進行比賽、為他們打氣，也是一件樂事！

## 社交活動

你和朋友在一起的時候會做什麼？你們會玩遊戲、聊天或做其他事情嗎？

## 文化活動

博物館和藝術館有許多吸引人的展品或事物，供人欣賞和學習。你有欣賞過話劇、展覽或音樂會嗎？

## 閱讀

翻閱一本好書，是一個打發時間的好方式，可以使人投入扣人心弦的故事，或者學習有趣的知識。

# 藝術的世界

藝術有許多不同形式，在不同人心中有不同的意思，這和**品味**有關。

靠近一件藝術品仔細觀察，再在遠距離從另一個角度看，你是否發現到不同？用不同角度去看同一件事物，會影響你的看法和感受。

## 你可以在畫廊中觀賞藝術收藏品。

### 繪畫

畫的種類很多，繪畫的**風格**更多。有些人會繪畫很多細節，有些人會繪畫有趣的形狀和圖案。

### 壁畫

透過藝術品，我們可以知道某個時期人類的生活狀況。世上最古老的**畫作**，可在**洞穴牆壁**上找到。

## 你感覺如何？

觀看藝術品可以帶給你不同感受；明亮的顏色令你感到**開心**，能讓你振奮起來；深沉的顏色會令你感到**難過**，讓你不開心。

藝術品會為我們帶來深刻的感受和情緒，又或者推翻我們慣常的思考方式。

不妨坐下來思考一下你所看到的作品。

### 攝影

攝影師按下按鈕，便能夠**捕捉他們眼中的世界**！

### 雕塑

**立體**的藝術品稱為雕塑，它們可以用黏土或石頭製作，亦可以是在木頭或其他物料上的雕刻。

91

# 玩遊戲

　　人人都喜歡玩遊戲，可以選擇的遊戲種類也**多不勝數**。玩遊戲是鍛煉身體和智力的好方法，也可以讓人結交朋友。

## 跑一跑！

戶外玩樂有很多樂趣，遊戲種類五花八門：捉迷藏、123紅綠燈、丟手帕等，總有一種遊戲適合大家。

智利的遊戲「Corre, Corre la Guaraca」玩法和我們的丟手帕一樣，美國的「Duck, Duck, Goose」玩法也類似，但卻沒用手帕。

你會玩包、剪、揼嗎？或者蘇門答臘版本「螞蟻、人、大象」？又或是馬來西亞版本「鳥、紙、水」？

「Tinko Tinko」是尼日利亞流行的擊掌遊戲。

棋盤上的棋子可以不同方式移動。

## 桌上遊戲

桌上遊戲有數千種，有些遊戲已有逾千年歷史，國際象棋約於1,500年前在印度發明。

**圍棋**

在中國發明的圍棋，已有超過2,500年歷史！

一副紙牌有52張卡

## 紙牌遊戲

一副紙牌可以有逾百種玩法，如潛烏龜、釣魚和21點等，紙牌遊戲是雨天的最佳消遣活動！

# 運動

　　不論是獨自一人，還是與朋友、隊友一起，世界上有數百種**運動**供人消遣和享受。以下這些運動中有你喜愛的嗎？

耶！我們在玩跳傘！

## 賽車

適合喜歡在速度上，尋求刺激和快感的人。賽車活動是人類和機械的力量結合，車手以令人暈眩的極速在賽道上馳騁。

## 武術

武術教授人搏鬥時，防守和攻擊對手的方法。武術種類很多，包括空手道、摔角和柔道等。

## 射箭

命中靶心！很久以前，弓和箭用於戰爭或狩獵，但現在已經是一項運動。射箭需要有銳利的眼睛和穩定的雙手。

## 足球

足球需要一隊人合作，將球踢進另一隊的龍門內，這些你也許早就知道，因為足球是風靡全球的運動。

## 板球

板球也是世界各地盛行的運動，每一隊都要用球板將球擊出，然後奔跑，以取得比另一隊更多分數。

有人知道
我可以將這條電線
插在哪裏嗎？

## 奇異運動

有些非一般的運動，內容很有趣。滾芝士、極限燙衣和腳趾摔跤等都是很好的例子。

## 田徑運動

跑、跳、擲……田徑運動代表的是最快、最強或最有技巧，是奧運會的最主要部分。

## 滑雪

滑雪關乎速度、技巧和雪，適合那些想要以高速從山上滑落的冒險者，所以，禦寒衣物和足夠膽量是必須的！

## 風帆

不論是純粹自娛或是參加比賽，風帆需要借助風力推動帆船在水上移動。記得小心海浪！

## 網球

網球員要用自己的力量和技巧，將網球打過網。聽起來十分簡單，實際卻很困難，因為對手會將球擊回來。

## 單車

由出色的BMX花式單車、山路急速滑下的越野單車，以至令人精疲力竭的環法單車賽……單車運動有很多形式。

## 體操

體操是用身體做一些難度極高的動作，平衡木、吊環、鞍馬和彈牀都是體操項目。

## 高爾夫球

高爾夫球有時被稱為「和自己競賽」的運動，你的目標是要用球桿將高爾夫球打進球洞內。

# 運動界盛事

運動充滿樂趣，然而，在**高水平賽事**中觀看最強、最快、擁有最高技術的運動員彼此對戰，也是樂趣無窮。

### 世界盃 (The World Cup)

足球界最大型的賽事就是世界盃，每**四年**一次。世界各個國家的球隊競爭最強球隊之位，全球有數十億人都會觀看此賽事。

### 公開賽 (The Opens)

世界最大型的網球賽事，主要為温布頓網球錦標賽、美國網球公開賽、法國網球公開賽和澳洲網球公開賽。

第一屆現代奧運會於1896年

## 超級盃
## (The Superbowl)

超級盃是美式足球的冠軍聯賽，在每年二月第一個周日舉行，有超過1億美國人觀看。

## 奧運會
## (The Olympics)

每四年舉辦一次奧運會，差不多世界上每個國家最優秀的運動員都會參加。他們在田徑、單車、游水等項目中一較高下，以奪取**獎牌**，為國家贏得榮譽。

## 世界一級方程式錦標賽
## (World Drivers' Championship)

一級方程式比賽會於一個季度內，在不同國家的場地進行比賽，在季度結束時取得最高分數的車手就是勝利者。

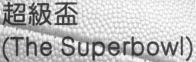

在希臘舉行。

# 圖書館

當你想起圖書館，或許會想到**書本**，然而，圖書館還提供其他服務和娛樂設施。

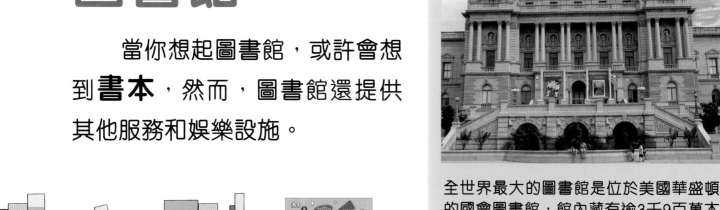

全世界最大的圖書館是位於美國華盛頓的國會圖書館，館內藏有逾3千9百萬本書及印刷品，實在是很豐富的閱讀資源啊！

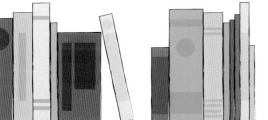

除了公共圖書館外，還可以在**學校**、**醫院**和**監獄**

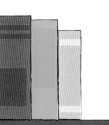

## 書的世界

從刺激的故事到遠古的傳說，書本教導我們關於這個世界的事情，同時亦為我們提供娛樂。

## 使用圖書館

圖書館是一個很好的地方,你可以在那兒**將圖書借走**一段時間。到你家附近的圖書館,找一本有趣的書借回家。如果在限期內還未看完,可以續借的啊!

> 我負責挑選圖書放在圖書館,並將它們**排列整理**好,讓人們能夠找到想要的讀物。

中找到圖書館。

很多大型圖書館內不光有圖書,還會有電腦、影片、音樂、有聲書、智力遊戲等等,有些地方的圖書館更容許你將館內的藝術品借回家掛在牆上。

**圖書館管理員**

# 博物館

博物館充滿世界各地的有趣物品，讓我們認識**歷史**、**科學**、**美術**和**文化**，差不多你能想到的題目都可以在這裏找到。

蒙娜麗莎（Mona Lisa）懸掛在法國羅浮宮牆上，是一幅世界知名的畫作。

## 人人都能去

博物館開放給每一個人，有很多博物館還是**免費**入場的。第一間開放予公眾的博物館建於1683年，位於英格蘭牛津。目前世界上有超過55,000間博物館。

負責組織和編排博物館收藏品的人，叫策展人。

## 世界上有不少**奇特古怪**的博物館，

在墨西哥，你可以潛水到藏有接近500件雕塑的**水底**博物館內。

印度有一個**廁所博物館**，館內展示着一個用黃金製造的座廁。

我負責陪同訪客參觀博物館，讓他們透過專家學習。

許多收藏品都很古老和脆弱。博物館員工仔細打理這些物件，確保下一代仍然可以觀賞它們。

世上最大的博物館是美國的史密森尼學會（Smithsonian），它由19座建築物、畫廊，還加上一個動物園組成，規模非常大！

你會到訪哪一間？

在荷蘭的**小貓館**，館內全是和貓有關的展品。

求知若「渴」嗎？位於中國的**北京自來水博物館**，是千真萬確的知識泉源！

# 廣闊的世界

　　地球很大，我們還有許多關於它的事可以學習，而且總會有可以探索的地方。從北極到南極、由你的國家到你所在的洲，你都了解嗎？來，繼續閱讀，很快你便會了解！

要環遊世界需要很長時間。

許久許久以前,所有陸地連接在一起成為一塊超大陸,叫泛古陸 (Pangaea)。

| 北美洲 |

# 七大洲

地球大部分都是水,而所有土地分割成七大塊地,名為**洲**。這些洲同樣被劃分成許多小塊,稱為國家。

| 南美洲 |

你知道自己住在哪個洲嗎?
我猜不是南極洲。

## 從圓形到平面

由於地球是圓的,所以並不可能做出一幅完美的平面地圖,總會有些失真的地方。不同版本的地圖會有不同的失真,我們稱這些地圖為**地圖投影**。

歐洲

亞洲是最大的洲。

亞洲

許多在太平洋的國家
不屬於任何洲。

非洲

大洋洲

南極洲非常寒冷，雖然科學
家會到那裏工作，但沒有人
長期住在那裏。

傑拉杜斯・麥卡托
(Gerardus Mercator)

南極洲

最為人認識的地圖投影是**麥卡托
投影法**。方向和距離看上去很精
確，但是遠離地球中心位置的地方，看上去
會比現實中的面積大。

格陵蘭

非洲

麥卡托投影法的
失真，使地圖上
的格陵蘭比非洲
大，但是現實
中，它的面積比
非洲小14倍。

# 赤道

假如地球的頂端是北極，底部是南極，**中間是什麼呢？**那是環繞地球的赤道。

北極

北半球

如果可以在赤道上步行一周，大概需要行2千萬步。

在厄瓜多爾的赤道紀念碑，有一條實體的赤道線。

南半球

## 一分为二

赤道將地球分為兩半，在赤道上面的是**北半球**，在赤道下面的稱為**南半球**。

由於太陽照射的角度更直接，靠近赤道的地方會較熱。

地球上的地方分布在不同的氣候區域,而各地的氣候主要取決於該地與赤道的距離。

極地

溫帶

亞熱帶

熱帶

赤道

熱帶

亞熱帶

溫帶

極地

南極

## 熱帶地區(Tropical zone)

這個地區一年中大部分時間都很炎熱和潮濕,有些時候會有狂風暴雨。

## 亞熱帶地區(Subtropical zone)

這些地方擁有炎熱而乾燥的漫長夏天和潮濕而短暫的多天。

## 温帶地區(Temperate zone)

在溫帶地區的地方,通常都擁有和暖的夏天與寒冷的多天。

## 極地(Polar zone)

極地區域非常寒冷和乾燥,多天漫長而黑暗;夏天有太陽,但仍然很冷。

住在北半球的人,看到的星星和住在南半球的人不同。

# 北美洲

冰封的山脈、廣闊的草地、熱帶氣候，還有繁忙擁擠、充滿朝氣的城市，北美洲實在**包羅萬有**！

北美洲共有23個國家，有許多都是島嶼。

1

科羅拉多大峽谷是美國一個巨大的峽谷，亦是著名的旅遊勝地。

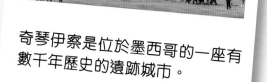

2

奇琴伊察是位於墨西哥的一座有數千年歷史的遺跡城市。

1

2

在北美洲的最下方一般稱為中美洲。

想觀賞壯麗的北極光？可以去加拿大北部！

紐約是美國面積最大和人口最多的城市。

在北美洲，面積最大的國家是加拿大。

加勒比地區島嶼的眾多海灘是地球上最美麗的海灘之一。

## 北美洲國家

- 千里達和多巴哥
- 巴巴多斯
- 巴哈馬
- 巴拿馬
- 牙買加
- 加拿大
- 古巴
- 尼加拉瓜
- 危地馬拉
- 多米尼加共和國
- 多米尼克國
- 安提瓜和巴布達

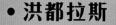

- 伯利茲
- 洪都拉斯
- 美國
- 哥斯達黎加
- 格林納達
- 海地
- 聖文森特和格林納丁斯
- 聖基茨尼維斯
- 聖盧西亞
- 墨西哥
- 薩爾瓦多

# 南美洲

## 這個漂亮的洲擁有充滿活力的文化、鬱鬱蔥蔥的雨林、蜿蜒的河流，還有更多更多……

**2** 巨大的救世基督雕像在山上，俯瞰整個巴西里約熱內盧。

**1** 在委內瑞拉的安赫爾瀑布是世界最高的瀑布。

加拉帕戈斯羣島是許多罕見的動物（如海鬣蜥）的家園。

**加拉帕戈斯羣島**

③

智利北部的阿他加馬沙漠，是地球上最乾旱的地方之一。

## 南美洲國家

- 厄瓜多爾
- 巴西
- 巴拉圭
- 圭亞那共和國
- 委內瑞拉
- 阿根廷
- 玻利維亞
- 哥倫比亞
- 烏拉圭
- 秘魯
- 智利
- 蘇里南

④

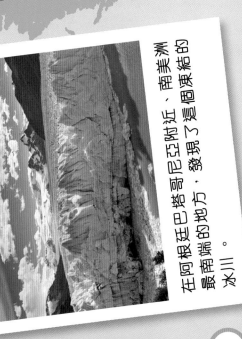

④

在阿根廷巴塔哥尼亞附近、南美洲最南端的地方，發現了這個凍結的冰川。

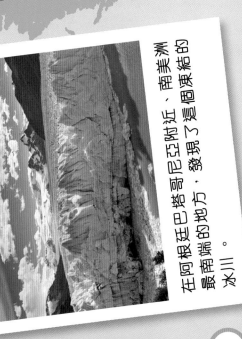

# 非洲

非洲是超過10億人的家園，共有

**54個國家**。整個洲有着多姿多彩的

混合文化、風景和野生動物。

**1**

在埃及吉薩的金字塔於數千
年前興建。

馬達加斯加是非洲東南
部近海的島嶼，島上有
許多稀有動物。

**2**

在坦桑尼亞的乞力馬札羅山
是非洲的最高點。

**1**

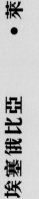

在南非，人們登上一座名為桌山的平頂山便能觀賞整個開普敦。

## 非洲國家

- 中非共和國
- 厄立特里亞國
- 毛里塔尼亞
- 毛里求斯
- 乍得
- 加納
- 加達
- 尼日利亞
- 尼爾
- 布基納法索
- 布隆迪

- 吉布提
- 多哥
- 安哥拉
- 利比里亞
- 利比亞
- 貝寧
- 赤道幾內亞
- 坦桑尼亞
- 岡比亞
- 肯尼亞

- 阿爾及利亞
- 南非
- 南蘇丹
- 津巴布韋
- 科特迪瓦
- 科摩羅
- 突尼斯
- 剛果民主共和國
- 剛果共和國
- 埃及
- 埃塞俄比亞

- 烏干達
- 納米比亞
- 索馬里
- 馬里共和國
- 馬拉維
- 馬達加斯加
- 莫桑比克
- 博茨瓦納
- 喀麥隆
- 斯威士蘭
- 萊索托

- 塞內加爾
- 塞舌爾
- 塞拉利昂
- 聖多美普林西比
- 維德角共和國
- 摩洛哥
- 幾內亞
- 幾內亞比紹
- 盧旺達
- 贊比亞
- 蘇丹

# 歐洲

雖然歐洲的面積是七大洲倒數第二，但卻是人口稠密度排行第三的洲。她擁有**悠久的歷史**和多元文化。

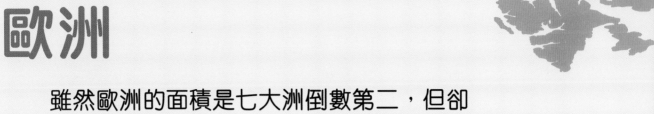

每年歐洲吸引超過5億旅客到訪。

2

3

1

1

意大利的古老城市威尼斯建於島上，遊客會坐船遊覽運河。

歐洲只佔了地球表面2%的面積。

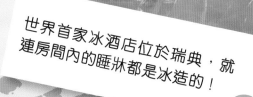

世界首家冰酒店位於瑞典，就連房間內的睡牀都是冰造的！

世界規模最大的美術博物館是位於法國巴黎的羅浮宮。

梵蒂岡是世界上最小的國家。

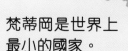

希臘羣島和島礁的數量超過6,000個。

## 歐洲國家

- 丹麥
- 比利時
- 北馬其頓
- 白俄羅斯
- 立陶宛
- 冰島
- 列支敦士登
- 匈牙利
- 安道爾
- 西班牙
- 克羅地亞
- 希臘
- 拉脱維亞
- 法國
- 波斯尼亞和黑塞哥維那
- 波蘭
- 芬蘭
- 阿爾巴尼亞
- 保加利亞
- 科索沃（具爭議）
- 英國
- 挪威
- 烏克蘭
- 馬耳他
- 捷克
- 荷蘭
- 斯洛文尼亞
- 斯洛伐克
- 黑山
- 塞浦路斯
- 塞爾維亞
- 奧地利
- 意大利
- 愛沙尼亞
- 愛爾蘭
- 瑞士
- 瑞典
- 聖座（梵蒂岡）
- 聖馬力諾
- 葡萄牙
- 德國
- 摩納哥
- 摩爾多瓦
- 盧森堡
- 羅馬尼亞

# 亞洲

亞洲是人、風景和文化的匯聚之地，她不僅是面積**最大**的洲，人口也是最稠密的。

嵐山是位於日本京都的大型竹林。

位於印度的哈曼迪爾寺是全世界最多旅客到訪的地方之一。

珠穆朗瑪峯位於尼泊爾，是地球上的最高點。

柬埔寨的吳哥窟是世界上最大的宗教聖殿。

亞洲是包羅萬有的大洲，是新與舊的大融合。

在越南、泰國和孟加拉等國家能找到大片的稻田。

## 亞洲國家

- 也門
- 土耳其*
- 土庫曼斯坦
- 不丹
- 中國
- 巴林
- 巴基斯坦
- 文萊
- 日本
- 以色列
- 北韓
- 卡塔爾
- 尼泊爾
- 伊拉克
- 伊朗
- 印尼
- 印度
- 吉爾吉斯
- 老撾
- 沙特阿拉伯
- 亞美尼亞
- 孟加拉
- 東帝汶
- 阿拉伯聯合酋長國

- 阿曼
- 阿富汗
- 阿塞拜疆*
- 俄羅斯*
- 南韓
- 哈薩克*
- 柬埔寨
- 科威特
- 約旦
- 格魯吉亞*
- 泰國
- 烏茲別克
- 馬來西亞
- 馬爾代夫
- 敘利亞
- 斯里蘭卡
- 菲律賓
- 越南
- 塔吉克
- 新加坡
- 蒙古
- 緬甸
- 黎巴嫩

\*這些國家的邊界橫跨歐洲和亞洲，但一般會將她們歸納為亞洲國家。

地球有超過一半人口都居住在亞洲！

# 大洋洲

澳洲、新西蘭、斐濟等國家**不屬於任何一個洲**，這些國家組成了大洋洲區域。

**1**

澳洲其中一座著名建築物是美麗的悉尼歌劇院。

**3**

**3**

澳洲是大陸，也是國家。

澳洲的希利爾湖鹽度非常高，湖水呈粉紅色。

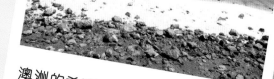

在大洋洲共有逾萬個島嶼。

瓦努阿圖是地球上最活躍的火山之———亞蘇爾火山的所在地。

- 巴布亞新畿內亞
- 瓦努阿圖
- 帕勞
- 所羅門羣島
- 馬紹爾羣島
- 基里巴斯
- 密克羅尼西亞
- 斐濟
- 湯加
- 新西蘭
- 瑙魯
- 圖瓦魯
- 澳洲
- 薩摩亞

斐濟這個國家由超過300個島嶼組成。

新西蘭的法蘭士·約瑟夫冰川是很受歡迎的探險地點。

新西蘭人一般稱呼自己「Kiwi」，這個名稱來自新西蘭不會飛的國鳥：奇異鳥（kiwi bird）。

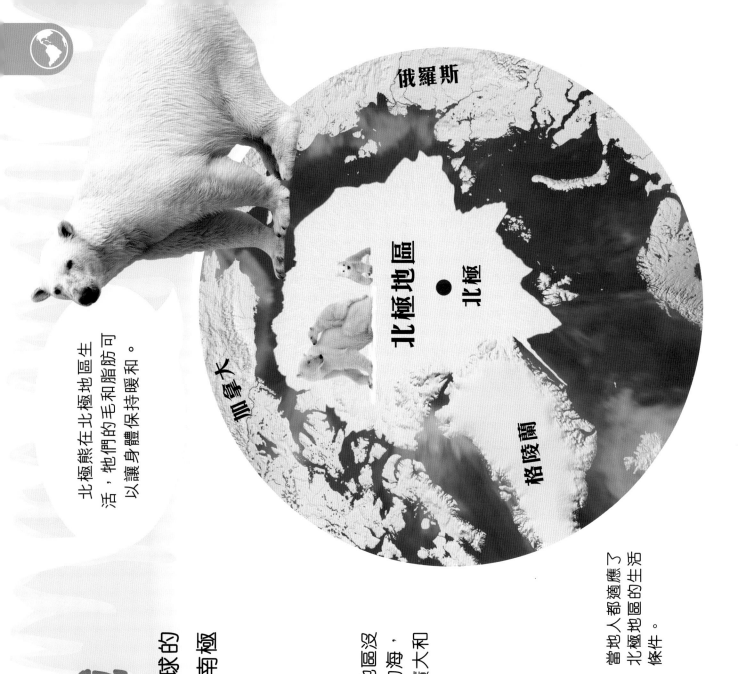

俄羅斯

北極地區

北極

加拿大

格陵蘭

北極熊在北極地區生活，牠們的毛和脂肪可以讓身體保持暖和。

# 兩極區域

南、北極位於地球的兩端：北極在頂部；南極在底部。

## 北極

北極就在北極地區，這個地區沒有土地，有的是已經結冰的海，而冰塊會隨着季節轉換而擴大和收縮。

當地人都適應了北極地區的生活條件。

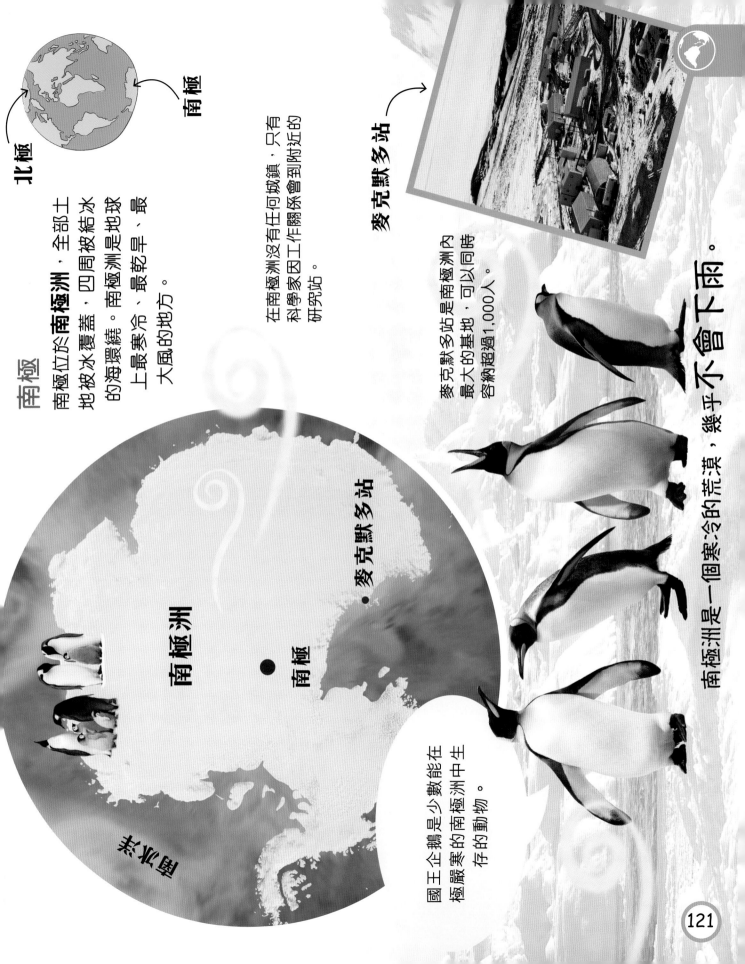

# 北極

# 南極

南極位於南極洲，全部土地被冰覆蓋，四周被結冰的海環繞。南極洲是地球上最寒冷、最乾旱、最大風的地方。

在南極洲沒有任何城鎮，只有科學家因工作關係會到附近的研究站。

南極

麥克默多站

麥克默多站是南極洲內最大的基地，可以同時容納超過1,000人。

南極洲

南極

麥克默多站

國王企鵝是少數能在極嚴寒的南極洲中生存的動物。

南極洲是一個寒冷的荒漠，幾乎不會下雨。

# 島嶼

島嶼是指一個**四面被水圍繞**的土地範圍，
島嶼面積可以很細小，也可以非常廣闊。

印尼（又稱印度尼西亞）由大約
17,000個島嶼組成。

島嶼要經過很長時間
才能形成。

# 島嶼的類型很多，主要類型為

**大陸島**最初是大陸的一部分，由於海水上升導致從大陸脫離或被隔斷而成。

軟岩逐漸被水沖刷掉，
形成壕溝。

軟岩

壕溝被水
掩蓋。

最後形成一
個島嶼。

一組島嶼靠近在一起
稱為羣島。

世上最大的島嶼是格陵蘭，她可以同時容納新畿內亞、婆羅洲、馬達加斯加三個面積緊隨其後的島嶼。

**羣島**

馬達加斯加是世上面積第四大的島嶼，在那裏生長的大部分植物和動物在地球其他地方都找不到。

地球上有超過100,000個島嶼存在。

# 大陸島和洋中島。

**洋中島**是水底下的火山爆發而形成的，夏威夷羣島就是洋中島。

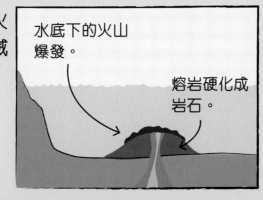

水底下的火山爆發。

熔岩硬化成岩石。

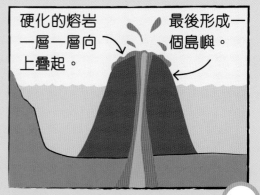

硬化的熔岩一層一層向上疊起。

最後形成一個島嶼。

# 人口

地球上約有75億人口，但是由於人口數字**經常變化**，我們不可能知道準確的人口數目。以下是人口分布情況。

（截至2018至2019年。）

## 北美洲

| 國家 | 人口 |
| --- | --- |
| 美國 | 329,256,465 |
| 墨西哥 | 125,959,205 |
| 加拿大 | 35,881,659 |
| 危地馬拉 | 16,581,273 |
| 古巴 | 11,116,396 |
| 海地 | 10,788,440 |
| 多米尼加共和國 | 10,298,756 |
| 洪都拉斯 | 9,182,766 |
| 薩爾瓦多 | 6,187,271 |
| 尼加拉瓜 | 6,085,213 |
| 哥斯達黎加 | 4,987,142 |
| 巴拿馬 | 3,800,644 |
| 牙買加 | 2,812,090 |
| 千里達及多巴哥 | 1,215,527 |
| 伯利茲 | 385,854 |
| 巴哈馬 | 332,634 |
| 巴巴多斯 | 293,131 |
| 聖盧西亞 | 165,510 |
| 格林納達 | 112,207 |
| 聖文森及格林納丁斯 | 101,844 |
| 安提瓜和巴布達 | 95,882 |
| 多米尼克國 | 74,027 |
| 聖基茨尼維斯 | 53,094 |

## 非洲

| 國家 | 人口 | 國家 | 人口 |
| --- | --- | --- | --- |
| 尼日利亞 | 203,452,505 | 布隆迪 | 11,844,520 |
| 埃塞俄比亞 | 108,386,391 | 突尼斯 | 11,516,189 |
| 埃及 | 99,413,317 | 貝寧 | 11,340,504 |
| 剛果民主共和國 | 85,281,024 | 索馬里 | 11,259,029 |
| 坦桑尼亞 | 55,451,343 | 南蘇丹 | 10,204,581 |
| 南非 | 55,380,210 | 多哥 | 8,176,449 |
| 肯尼亞 | 48,397,527 | 利比亞 | 6,754,507 |
| 蘇丹 | 43,120,843 | 塞拉利昂 | 6,312,212 |
| 阿爾及利亞 | 41,657,488 | 厄立特里亞國 | 5,970,646 |
| 烏干達 | 40,853,749 | 中非共和國 | 5,745,062 |
| 摩洛哥 | 34,314,130 | 剛果共和國 | 5,062,021 |
| 安哥拉 | 30,355,880 | 利比里亞 | 4,809,768 |
| 加納 | 28,102,471 | 毛里塔尼亞 | 3,840,429 |
| 莫桑比克 | 27,233,789 | 納米比亞 | 2,533,224 |
| 科特迪瓦 | 26,260,582 | 博茨瓦納 | 2,249,104 |
| 馬達加斯加 | 25,683,610 | 加蓬 | 2,119,036 |
| 喀麥隆 | 25,640,965 | 岡比亞 | 2,092,731 |
| 尼日爾 | 19,866,231 | 萊索托 | 1,962,461 |
| 馬拉維 | 19,842,560 | 畿內亞比紹 | 1,833,247 |
| 布基納法索 | 19,742,715 | 毛里求斯 | 1,364,283 |
| 馬里 | 18,429,893 | 斯威士蘭 | 1,087,200 |
| 贊比亞 | 16,445,079 | 吉布地 | 884,017 |
| 乍德 | 15,833,116 | 科摩羅 | 821,164 |
| 塞內加爾 | 15,020,945 | 赤道幾內亞 | 797,457 |
| 津巴布韋 | 14,030,368 | 維德角共和國 | 568,373 |
| 盧旺達 | 12,187,400 | 聖多美和普林西比 | 204,454 |
| 畿內亞 | 11,855,411 | 塞舌爾 | 94,633 |

這些數字顯示了每個國家有多少人在居住，你的國家住了多少人呢？

阿塞拜疆、格魯吉亞、哈薩克、俄羅斯和土耳其的邊界橫跨歐洲和亞洲。

## 歐洲

| 國家 | 人口 |
| --- | --- |
| 德國 | 80,457,737 |
| 法國 | 67,364,357 |
| 英國 | 65,105,246 |
| 意大利 | 62,246,674 |
| 西班牙 | 49,331,076 |
| 烏克蘭 | 43,952,299 |
| 波蘭 | 38,420,687 |
| 羅馬尼亞 | 21,457,116 |
| 荷蘭 | 17,151,228 |
| 比利時 | 11,570,762 |
| 希臘 | 10,761,523 |
| 捷克 | 10,686,269 |
| 葡萄牙 | 10,355,493 |
| 瑞典 | 10,040,995 |
| 匈牙利 | 9,825,704 |
| 白俄羅斯 | 9,527,543 |
| 奧地利 | 8,793,370 |
| 瑞士 | 8,292,809 |
| 塞爾維亞 | 7,078,110 |
| 保加利亞 | 7,057,504 |
| 丹麥 | 5,809,502 |
| 芬蘭 | 5,537,364 |
| 斯洛伐克 | 5,445,040 |
| 挪威 | 5,372,191 |
| 愛爾蘭 | 5,068,050 |
| 克羅地亞 | 4,270,480 |
| 波斯尼亞和黑塞哥維那 | 3,849,891 |
| 摩爾多瓦 | 3,437,720 |
| 阿爾巴尼亞 | 3,057,220 |
| 立陶宛 | 2,793,284 |
| 北馬其頓 | 2,118,945 |
| 斯洛文尼亞 | 2,102,126 |
| 拉脫維亞 | 1,923,559 |
| 科索沃 (有爭議) | 1,907,592 |
| 愛沙尼亞 | 1,244,288 |
| 塞浦路斯 | 1,237,088 |
| 黑山 | 614,249 |
| 盧森堡 | 605,764 |
| 馬耳他 | 449,043 |
| 冰島 | 343,518 |
| 安道爾 | 85,708 |
| 列支敦士登 | 38,547 |
| 聖馬力諾 | 33,779 |
| 摩納哥 | 30,727 |
| 聖座 (梵蒂岡) | 1,000 |

## 亞洲

| 國家 | 人口 | 國家 | 人口 |
| --- | --- | --- | --- |
| 中國 | 1,384,688,986 | 哈薩克 | 18,744,548 |
| 印度 | 1,296,834,042 | 柬埔寨 | 16,449,519 |
| 印尼 | 262,787,403 | 約旦 | 10,458,413 |
| 巴基斯坦 | 207,862,518 | 阿塞拜疆 | 10,046,516 |
| 孟加拉 | 159,453,001 | 阿拉伯聯合酋長國 | 9,701,315 |
| 俄羅斯 | 142,122,776 | 塔吉克 | 8,604,882 |
| 日本 | 126,168,156 | 以色列 | 8,424,904 |
| 菲律賓 | 105,893,381 | 老撾 | 7,234,171 |
| 越南 | 97,040,334 | 黎巴嫩 | 6,100,075 |
| 伊朗 | 83,024,745 | 新加坡 | 5,995,991 |
| 土耳其 | 81,257,239 | 吉爾吉斯 | 5,849,296 |
| 泰國 | 68,615,858 | 土庫曼斯坦 | 5,411,012 |
| 緬甸 | 55,622,506 | 格魯吉亞 | 4,926,087 |
| 南韓 | 51,418,097 | 阿曼 | 3,494,116 |
| 伊拉克 | 40,194,216 | 蒙古 | 3,103,428 |
| 阿富汗 | 34,940,837 | 亞美尼亞 | 3,038,217 |
| 沙地阿拉伯 | 33,091,113 | 科威特 | 2,916,467 |
| 馬來西亞 | 31,809,660 | 卡塔爾 | 2,363,569 |
| 烏茲別克 | 30,023,709 | 巴林 | 1,442,659 |
| 尼泊爾 | 29,717,587 | 東帝汶 | 1,321,929 |
| 也門 | 28,667,230 | 不丹 | 766,397 |
| 北韓 | 25,381,085 | 文萊 | 450,565 |
| 斯里蘭卡 | 22,576,592 | 馬爾代夫 | 392,473 |
| 敘利亞 | 19,454,263 | | |

## 大洋洲

| 國家 | 人口 |
| --- | --- |
| 澳洲 | 23,470,145 |
| 巴布亞新畿內亞 | 7,027,332 |
| 新西蘭 | 4,545,627 |
| 斐濟 | 926,276 |
| 所羅門群島 | 660,121 |
| 瓦努阿圖 | 288,037 |
| 薩摩亞 | 201,316 |
| 基里巴斯 | 109,367 |
| 湯加 | 106,398 |
| 密克羅尼西亞 | 103,643 |
| 馬紹爾群島 | 75,684 |
| 帕勞 | 21,516 |
| 圖瓦盧 | 11,147 |
| 瑙魯 | 9,692 |

## 南美洲

| 國家 | 人口 |
| --- | --- |
| 巴西 | 208,846,892 |
| 哥倫比亞 | 48,168,996 |
| 阿根廷 | 44,694,198 |
| 委內瑞拉 | 31,689,176 |
| 秘魯 | 31,331,228 |
| 智利 | 17,925,262 |
| 厄瓜多爾 | 16,498,502 |
| 玻利維亞 | 11,306,341 |
| 巴拉圭 | 7,025,763 |
| 烏拉圭 | 3,369,299 |
| 圭亞那共和國 | 740,685 |
| 蘇里南 | 597,927 |

# 國家面積

有些國家面積很大，有些卻面積很小，你所在國家的面積屬於大還是小？

## 北美洲

| 國家 | 面積 |
|---|---|
| 加拿大 | 9,984,670 |
| 美國 | 9,833,517 |
| 墨西哥 | 1,964,375 |
| 尼加拉瓜 | 130,370 |
| 洪都拉斯 | 112,090 |
| 古巴 | 110,860 |
| 危地馬拉 | 108,889 |
| 巴拿馬 | 75,420 |
| 哥斯達黎加 | 51,100 |
| 多米尼加共和國 | 48,670 |
| 海地 | 27,750 |
| 伯利茲 | 22,966 |
| 薩爾瓦多 | 21,041 |
| 巴哈馬 | 13,880 |
| 牙買加 | 10,991 |
| 千里達及多巴哥 | 5,128 |
| 多米尼克國 | 751 |
| 聖盧西亞 | 616 |
| 安提瓜和巴布達 | 443 |
| 巴巴多斯 | 430 |
| 聖文森特及格林納丁斯 | 389 |
| 格林納達 | 344 |
| 聖基茨尼維斯 | 261 |

## 非洲

| 國家 | 面積 | 國家 | 面積 |
|---|---|---|---|
| 阿爾及利亞 | 2,381,741 | 科特迪瓦 | 322,463 |
| 剛果民主共和國 | 2,344,858 | 布基納法索 | 274,200 |
| 蘇丹 | 1,861,484 | 加蓬 | 267,667 |
| 利比亞 | 1,759,540 | 畿內亞 | 245,857 |
| 乍得 | 1,284,000 | 烏干達 | 241,038 |
| 尼日爾 | 1,267,000 | 加納 | 238,533 |
| 安哥拉 | 1,246,700 | 塞內加爾 | 196,722 |
| 馬里 | 1,240,192 | 突尼斯 | 163,610 |
| 南非 | 1,219,090 | 馬拉維 | 118,484 |
| 埃塞俄比亞 | 1,104,300 | 厄立特里亞國 | 117,600 |
| 毛里塔尼亞 | 1,030,700 | 貝寧 | 112,622 |
| 埃及 | 1,001,450 | 利比里亞 | 111,369 |
| 坦桑尼亞 | 947,300 | 塞拉利昂 | 71,740 |
| 尼日利亞 | 923,768 | 多哥 | 56,785 |
| 納米比亞 | 824,292 | 畿內亞比紹 | 36,125 |
| 莫桑比克 | 799,380 | 萊索托 | 30,355 |
| 贊比亞 | 752,618 | 赤道幾內亞 | 28,051 |
| 南蘇丹 | 644,329 | 布隆迪 | 27,830 |
| 索馬里 | 637,657 | 盧旺達 | 26,338 |
| 中非共和國 | 622,984 | 吉布地 | 23,200 |
| 馬達加斯加 | 587,041 | 斯威士蘭 | 17,364 |
| 博茨瓦納 | 581,730 | 岡比亞 | 11,300 |
| 肯尼亞 | 580,367 | 維德角共和國 | 4,033 |
| 喀麥隆 | 475,440 | 科摩羅 | 2,235 |
| 摩洛哥 | 446,550 | 毛里求斯 | 2,040 |
| 津巴布韋 | 390,757 | 聖多美和普林西比 | 964 |
| 剛果 | 342,000 | 塞舌爾 | 455 |

## 南美洲

| 國家 | 面積 |
|---|---|
| 巴西 | 8,515,770 |
| 阿根廷 | 2,780,400 |
| 秘魯 | 1,285,216 |
| 哥倫比亞 | 1,138,910 |
| 玻利維亞 | 1,098,581 |
| 委內瑞拉 | 912,050 |
| 智利 | 756,102 |
| 巴拉圭 | 406,752 |
| 厄瓜多爾 | 283,561 |
| 圭亞那共和國 | 214,969 |
| 烏拉圭 | 176,215 |
| 蘇里南 | 163,820 |

面積的大小以方公里計算。

## 歐洲

| 國家 | 面積 |
|---|---|
| 法國 | 643,801 |
| 烏克蘭 | 603,550 |
| 西班牙 | 505,370 |
| 瑞典 | 450,295 |
| 德國 | 357,022 |
| 芬蘭 | 338,145 |
| 挪威 | 323,802 |
| 波蘭 | 312,685 |
| 意大利 | 301,340 |
| 英國 | 243,610 |
| 羅馬尼亞 | 238,391 |
| 白俄羅斯 | 207,600 |
| 希臘 | 131,957 |
| 保加利亞 | 110,879 |
| 冰島 | 103,000 |
| 匈牙利 | 93,028 |
| 葡萄牙 | 92,090 |
| 奧地利 | 83,871 |
| 捷克 | 78,867 |
| 塞爾維亞 | 77,474 |
| 愛爾蘭 | 70,273 |
| 立陶宛 | 65,300 |
| 拉脫維亞 | 64,589 |
| 克羅地亞 | 56,594 |
| 波斯尼亞和黑塞哥維那 | 51,197 |
| 斯洛伐克 | 49,035 |
| 愛沙尼亞 | 45,228 |
| 丹麥 | 43,094 |
| 荷蘭 | 41,543 |
| 瑞士 | 41,277 |
| 摩爾多瓦 | 33,851 |
| 比利時 | 30,528 |
| 阿爾巴尼亞 | 28,748 |
| 北馬其頓 | 25,713 |
| 斯洛文尼亞 | 20,273 |
| 黑山 | 13,812 |
| 科索沃 (有爭議) | 10,887 |
| 塞浦路斯 | 9,251 |
| 盧林堡 | 2,586 |
| 安道爾 | 468 |
| 馬耳他 | 316 |
| 列支敦士登 | 160 |
| 聖馬力諾 | 61 |
| 摩納哥 | 2 |
| 聖座 (梵蒂岡) | 0 |

## 亞洲

| 國家 | 面積 | 國家 | 面積 |
|---|---|---|---|
| 俄羅斯 | 17,098,242 | 敘利亞 | 185,180 |
| 中國 | 9,596,960 | 柬埔寨 | 181,035 |
| 印度 | 3,287,263 | 孟加拉 | 148,460 |
| 哈薩克 | 2,724,900 | 尼泊爾 | 147,181 |
| 沙特阿拉伯 | 2,149,690 | 塔吉克 | 144,100 |
| 印尼 | 1,904,569 | 北韓 | 120,538 |
| 伊朗 | 1,648,195 | 南韓 | 99,720 |
| 蒙古 | 1,564,116 | 約旦 | 89,342 |
| 巴基斯坦 | 796,095 | 阿塞拜疆 | 86,600 |
| 土耳其 | 783,562 | 阿拉伯聯合酋長國 | 83,600 |
| 緬甸 | 676,578 | 格魯吉亞 | 69,700 |
| 阿富汗 | 652,230 | 斯里蘭卡 | 65,610 |
| 也門 | 527,968 | 不丹 | 38,394 |
| 泰國 | 513,120 | 亞美尼亞 | 29,743 |
| 土庫曼斯坦 | 488,100 | 以色列 | 20,770 |
| 烏茲別克 | 447,400 | 科威特 | 17,818 |
| 伊拉克 | 438,317 | 東帝汶 | 14,874 |
| 日本 | 377,915 | 卡塔爾 | 11,586 |
| 越南 | 331,210 | 黎巴嫩 | 10,400 |
| 馬來西亞 | 329,847 | 文萊 | 5,765 |
| 阿曼 | 309,500 | 巴林 | 760 |
| 菲律賓 | 300,000 | 新加坡 | 697 |
| 老撾 | 236,800 | 馬爾代夫 | 298 |
| 吉爾吉斯 | 199,951 | | |

## 大洋洲

| 國家 | 面積 |
|---|---|
| 澳洲 | 7,741,220 |
| 巴布亞新畿內亞 | 462,840 |
| 新西蘭 | 268,838 |
| 所羅門羣島 | 28,896 |
| 斐濟 | 18,274 |
| 瓦努阿圖 | 12,189 |
| 薩摩亞 | 2,831 |
| 基里巴斯 | 811 |
| 湯加 | 747 |
| 密克羅尼西亞聯邦 | 702 |
| 帕勞 | 459 |
| 馬紹爾羣島 | 181 |
| 圖瓦盧 | 26 |
| 瑙魯 | 21 |

俄羅斯的邊界連接着14個國家，面積差不多與冥王星一樣，是世上面積最大的國家。

# 首都

差不多每個國家都會有一個**首都**，通常政府都會設立在這個城市裏。

瑙魯沒有首都，她的政府機關設立在一個叫做亞倫的城市。

## 北美洲

千里達及多巴哥 西班牙港
巴巴多斯 橋鎮
巴哈馬 拿騷
巴拿馬 巴拿馬城
牙買加 金士敦
加拿大 渥太華
古巴 夏灣拿
尼加拉瓜 馬拿瓜
危地馬拉 危地馬拉市
多米尼加共和國 聖多明哥
多米尼克國 羅梭
安提瓜和巴布達 聖約翰
伯利茲 貝爾莫潘
洪都拉斯 特古西加爾巴
美國 華盛頓
哥斯達黎加 聖荷西
格林納達 聖佐治
海地 太子港
聖文森特和格林納丁斯 京斯頓
聖基茨尼維斯 巴斯特爾
聖盧西亞 卡斯翠

墨西哥 墨西哥城
薩爾瓦多 聖薩爾瓦多

## 南美洲

厄瓜多爾 基多
巴西 巴西利亞
巴拉圭 亞松森
圭亞那共和國 喬治城
委內瑞拉 卡拉卡斯
阿根廷 布宜諾斯艾利斯
玻利維亞 蘇克雷
哥倫比亞 波哥大
烏拉圭 蒙特維多
秘魯 利馬
智利 聖地亞哥
蘇里南 巴拉馬利波

## 非洲

中非共和國 班基
厄立特里亞國 阿斯馬拉
毛里求斯 路易港
毛里塔尼亞 或索
乍得 恩賈梅納
加納 阿克拉
加蓬 自由市
尼日利亞 阿布賈
尼日爾 尼亞美
布基納法索 瓦加杜古
布隆迪 基特加
吉布提 吉布提
多哥 洛梅
安哥拉 盧安達
利比里亞 蒙羅維亞
利比亞 的黎波里
貝寧 波多諾伏
赤道幾內亞 馬拉博
坦桑尼亞 多多馬
岡比亞 班竹
肯尼亞 內羅比
阿爾及利亞 阿爾及爾
南非 普勒托利亞
南蘇丹 朱巴
津巴布韋 哈拉雷
科特迪瓦 雅穆蘇克雷
科摩羅 莫洛尼
突尼斯 突尼斯
剛果民主共和國 金沙薩
剛果共和國 布拉柴維爾
埃及 開羅
埃塞俄比亞 亞的斯亞貝巴
烏干達 坎帕拉
納米比亞 文豪克
索馬里 摩加迪沙
馬里 巴馬科
馬拉斯 里朗威
馬達加斯加 安塔那那列佛
莫桑比克 馬布多
博茨瓦納 嘉波隆里

喀麥隆 雅恩德
斯威士蘭 姆巴巴納
萊索托 馬塞魯
塞內加爾 達卡
塞舌爾 維多利亞
塞拉利昂 自由城
聖多美普林西比 聖多美
維德角共和國 普拉亞
摩洛哥 拉巴特
畿內亞 科納克里
畿內亞比紹 比紹
盧旺達 基加利
贊比亞 盧薩卡
蘇丹 喀土穆

## 亞洲

也門 薩那
土耳其 安卡拉
土庫曼斯坦 阿什哈巴德
不丹 亭布
中國 北京
巴林 麥納瑪
巴基斯坦 伊斯蘭堡
文萊 斯里巴加萬港
日本 東京
以色列 耶路撒冷
北韓 平壤
卡塔爾 多哈
尼泊爾 加德滿都
伊拉克 巴格達
伊朗 德黑蘭

印尼 雅加達
印度 新德里
吉爾吉斯 比什凱克
老撾 永珍
沙特阿拉伯 利雅得
亞美尼亞 葉里溫
孟加拉 達卡
東帝汶 帝力
阿拉伯聯合酋長國 阿布扎比
阿曼 馬斯喀特
阿富汗 喀布爾
阿塞拜疆 巴庫
俄羅斯 莫斯科
南韓 首爾
哈薩克 努爾蘇丹
柬埔寨 金邊
科威特 科威特市

約旦 安曼
格魯吉亞 第比利斯
泰國 曼谷
烏茲別克 塔什干
馬來西亞 吉隆坡
馬爾代夫 馬累
敘利亞 大馬士革
斯里蘭卡 哥林堡
菲律賓 馬尼拉
越南 河內
塔吉克 杜尚別
新加坡 新加坡
蒙古 烏蘭巴托
緬甸 奈比多
黎巴嫩 貝魯特

## 歐洲

丹麥 哥本哈根
比利時 布魯塞爾
北馬其頓 斯高波哲
白俄羅斯 明斯克
立陶宛 維爾紐斯
冰島 雷克雅未克
列支敦士登 華杜茲
匈牙利 布達佩斯
安道爾 安道爾城
西班牙 馬德里
克羅地亞 薩格勒布
希臘 雅典
拉脫維亞 里加
法國 巴黎
波斯尼亞和黑塞哥維那 薩拉熱窩
波蘭 華沙
芬蘭 赫爾辛基
阿爾巴尼亞 地拉那
保加利亞 索菲亞
科索沃 (有爭議) 普里什蒂納
英國 倫敦
挪威 奧斯陸
烏克蘭 基輔

馬耳他 華列他
捷克 布拉格
梵蒂岡 梵蒂岡城
荷蘭 阿姆斯特丹
斯洛文尼亞 盧布爾雅那
斯洛伐克 布拉迪斯發
黑山 波多理察
塞浦路斯 尼科西亞
塞爾維亞 貝爾格萊德
奧地利 維也納
意大利 羅馬
愛沙尼亞 塔林
愛爾蘭 都柏林
瑞士 伯恩
瑞典 斯德哥爾摩
聖馬力諾 聖馬力諾
葡萄牙 里斯本
德國 柏林
摩納哥 摩納哥城
摩爾多瓦 基施紐
盧森堡 盧森堡市
羅馬尼亞 布加勒斯特

## 大洋洲

巴布亞新畿內亞 莫爾茲比港
瓦努阿圖 維拉港
帕勞 恩吉魯穆德
所羅門羣島 荷尼阿拉市
馬紹爾羣島 馬久羅
基里巴斯 塔拉瓦環礁
密克羅尼西亞 帕里克爾
斐濟 蘇瓦
湯加 努庫阿洛法
新西蘭 威靈頓
瑙魯 (無首都)
圖瓦魯 富納富提
澳洲 坎培拉
薩摩亞 阿皮亞

# 國旗

每個國家都有一面旗用作**國家的象徵**，
你見到自己國家的國旗嗎？

## 北美洲

 安提瓜和巴布達　 巴哈馬　 巴巴多斯　 伯利茲　 加拿大　 哥斯達黎加　 古巴　 多明尼克國　 多米尼加共和國

薩爾瓦多　格林納達　危地馬拉　海地　洪都拉斯　牙買加　墨西哥　尼加拉瓜　巴拿馬

 聖基茨尼維斯　 聖盧西亞　 聖文森特和格林納丁斯

 千里達及多巴哥　美國

## 南美洲

 阿根廷　 玻利維亞　 巴西　 智利　 哥倫比亞　 厄瓜多爾

 圭亞那　 巴拉圭　 秘魯　 蘇里南　 烏拉圭共和國　委內瑞拉

## 非洲

 阿爾及利亞　 安哥拉　 貝寧　 博茨瓦納　 布基納法索　 布隆迪　 喀麥隆　 維德角共和國　 中非共和國　 乍得　科摩羅

 剛果民主共和國　 剛果共和國　 科特迪瓦　 吉布提　 埃及　 赤道幾內亞　 厄立特里亞　 斯威士蘭　 埃塞俄比亞　 加蓬　岡比亞

 加納　 幾內亞　 幾內亞比紹　 肯尼亞　 萊索托　 利比里亞　 利比亞　 馬達加斯加　 馬拉維　 馬里　毛里塔尼亞

 毛里求斯　 摩洛哥　 莫桑比克　 納米比亞　 尼日爾　 尼日利亞　 盧旺達　 聖多美普林西比　塞內加爾　 塞舌爾　 塞拉利昂

 索馬里　 南非　 南蘇丹　 蘇丹　 坦桑尼亞　 多哥　 突尼斯　 烏干達　 贊比亞　 津巴布韋

# 歐洲

 阿爾巴尼亞　 安道爾　 奧地利　 白俄羅斯　 比利時　 波斯尼亞和黑塞哥維那　 保加利亞　 克羅地亞　塞浦路斯

 捷克共和國　 丹麥　 愛沙尼亞　 芬蘭　 法國　 德國　 希臘　 梵蒂岡　 匈牙利　 冰島

 愛爾蘭　 意大利　 科索沃　 拉脫維亞　 列支敦士登　 立陶宛　 盧森堡　 馬耳他　 摩爾多瓦

 摩納哥　 黑山　 荷蘭　 北馬其頓　 挪威　 波蘭　 葡萄牙　 羅馬尼亞　聖馬力諾

 塞爾維亞　 斯洛伐克　 斯洛文尼亞　 西班牙　 瑞典　 瑞士　 烏克蘭　 英國

# 亞洲

 阿富汗　 亞美尼亞　阿塞拜疆　巴林　孟加拉　不丹

 文萊　束埔寨　中國　東帝汶　格魯吉亞　印度

 印尼　伊朗　伊拉克　以色列　日本　約旦

 哈薩克　科威特　吉爾吉斯　老撾　黎巴嫩　馬來西亞

馬爾代夫　蒙古　緬甸　尼泊爾　北韓　阿曼

巴基斯坦　菲律賓　卡塔爾　俄羅斯　沙特阿拉伯　新加坡

南韓　斯里蘭卡　敘利亞　塔吉克　泰國　土耳其

 土庫曼斯坦　 阿拉伯聯合酋長國　烏茲別克　越南　也門

研究旗幟的科目稱為「旗幟學」。

# 大洋洲

 澳洲　 密克羅尼西亞　 斐濟

基里巴斯　馬紹爾群島　瑙魯

新西蘭　帕勞　巴布亞新幾內亞

薩摩亞　所羅門群島　湯加

圖瓦盧　瓦努阿圖

由蒼翠茂密的森林和蜿蜒的河流，到隱蔽的洞穴和巨型的山脈，我們的世界布滿令人驚歎的**自然奇觀**。你準備好攀山涉水，穿越雨林、爬進陰森詭秘的山洞和在天然溫泉中浸泡了嗎？

# 大洋與海域

大洋是地球上最大的五個海水範圍，它們彼此相連；較小的海水範圍叫海域。

北冰洋

太平洋是世上最大和最深的大洋，它佔了地球整體一半以上的水容量。

太平洋

我是海洋生物學者，我的工作是研究海洋世界中各種奇妙的生物。

## 水底花園

大洋和海域中充滿有趣迷人的動物和植物。植物除了為動物提供居所，還為牠們提供了食物。

北冰洋是最小的大洋，它圍繞着北極，而且大部分範圍被冰覆蓋。

北冰洋

大西洋

太平洋

印度洋

大西洋是第二大的大洋，它將美國從歐洲和非洲隔開。

印度洋是最和暖的大洋，它位於非洲和澳洲之間。

南冰洋，亦稱為南大洋，它是唯一一個環繞地球的大洋。

南冰洋

## 海洋景色

從太空看，地球一片蔚藍，因為地球的表面上，大洋和海域的面積比土地多，所以地球有時叫作「藍色星球」。

# 間歇泉和溫泉

間歇泉和溫泉是地球底層的熱水湧出地面的地方。小心啊！它們很熱的！

## 溫泉

溫泉是因地底的水受熱變暖，透過縫隙滲出地面後，**形成充滿熱水的水池或河流的地方。**

溫泉 →

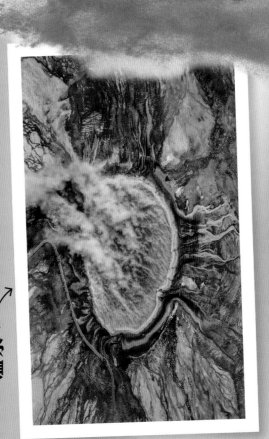

← 間歇泉

溫泉的顏色可以是紅色、橙色或黃色，這是由水中的微生物引致的。

## 間歇泉

有些間歇泉的水因沸騰而向上噴射，**就像火山爆發一樣**，只是噴射到空氣中的是水和蒸氣，而非熔岩。這些地方稱為間歇泉。

注意，這是很熱的！

火山的氣體會導致某些泉水帶有臭雞蛋似的味道。

美國的老忠實間歇泉是世界著名的間歇泉，每一至兩個小時會噴射一次，人們以前會在熱水中洗衣服。

在冰島的美麗溫泉——藍溫湖是人工造成的，泉水保持在最適宜浸泡的溫度。

日本的地獄谷野猿公苑是日本野生獼猴的家園，牠們喜歡在這裏的天然溫泉中倚一起泡泡溫泉。

137

# 森林

地球約有三分之一的土地被森林覆蓋,樹木為數百萬動物提供**家園**,同時淨化了我們呼吸的空氣。

**灰熊**
**(Grizzly bear)**

在較寒冷的氣候地區會找到**寒溫帶針葉林**,這些森林擁有短暫的夏季和漫長而寒冷的冬季。

加拿大的班夫國家公園包含了部分寒溫帶針葉林,裏面的湖泊和冰川景色極為壯麗。

美國的大煙山國家公園是一個溫帶落葉林,在這裏能找到數百種不同種類的樹木。

在較溫和的氣候地區會找到**溫帶落葉林**,這些森林會隨着四季變化而有很多轉變。「溫和」的意思是「不極端、不急劇的」,所以森林中的變化是循序漸進的。

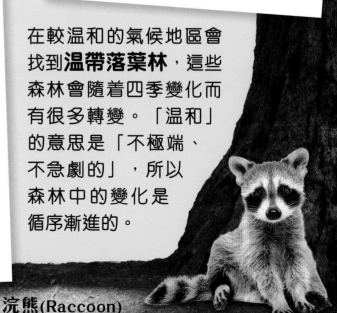

浣熊(Raccoon)

大嘴鳥
(Toucan)

**熱帶雨林**溫暖而潮濕，伴隨着很多的雨水。熱帶雨林只有兩個季節：雨季和旱季。

亞馬遜雨林是世界上最大的熱帶雨林，大部分範圍在巴西，有部分在秘魯、哥倫比亞等國家。

美洲豹是亞馬遜雨林最強捕獵者之一。

雨林有四個分層，每個分層都有獨特的野生動物：

露生層

樹冠層

灌木層

地面層

美洲豹
(Jaguar)

世界上超過一半植物和動物種類能在熱帶雨林內找到。

139

# 荒漠

**降雨量**非常少的地方叫荒漠，只有不用太多水分的植物和動物才能在荒漠中生活。

身上的毛讓我們能在冰冷的荒漠中保持和暖。

並非所有荒漠都是炎熱的。南極洲幾乎從不下雨，使它成了一個大荒漠。

位於非洲的撒哈拉沙漠，是地球上最大的沙漠，它的面積和美國差不多。

沙漠動物擁有特殊的

## 駱駝 (Camel)

駱駝擁有一或兩個駝峯，可以儲存脂肪，使牠們能夠在沒有食物或水的情況下，仍然能活動和行走數星期。

## 跳鼠 (Jerboa)

細小的跳鼠擁有長而有力的腿，對於挖掘、跳躍和逃離敵人極有用處。

### 聰明的仙人掌

仙人掌會在下雨時將水分收集並**儲存**在莖部，這是它們能在沙漠生存的原因。

在亞洲的戈壁沙漠曾發現大量恐龍化石。

因為長年受強風吹襲，奇形怪狀的岩石在沙漠中形成。

身體結構，讓牠們得以在沙漠中生存。

### 蜥蜴 (Lizard)

很多蜥蜴都會躲藏在沙裏，以避開敵人或炎熱的陽光。牠們腳上的鱗片，能讓牠們在沙上疾行的時候不會下沉。

### 耳廓狐 (Fennec fox)

許多沙漠動物，包括耳廓狐，在炎熱的日間都會躲在地底下睡覺，待晚上較清涼時才出來沙漠探索。

# 高山與火山

高山和火山的外形，看上去都
像是延伸到天空上的尖尖的岩石。
但它們到底有何**分別**？

**板塊**

## 高山

地球外殼——你站着的土地——是由
不同的**巨型板塊**組合而成，它們緩
慢地移動，有時會碰撞在一起。經過
數百萬年時間，這些碰撞令地面逐漸
向上升高，形成高山。

許多高山都只是山脈的一部
分，例如阿爾卑斯山脈和喜
馬拉雅山脈，山脈可以延伸
至數千公里。

**乞力馬札羅山**

在坦桑尼亞可以找到非洲最高的山峯。
乞力馬札羅是一個睡火山，意思是這個
火山已經有一段長時間沒有爆發。

**茂納凱亞山**

位於美國夏威夷的茂納凱亞山，是世上最高的山，
但是，由於它大部分都在水底，所以它的山峯並沒
有其他山高。

142

# 火山

火山是地球中的出口，熾熱的熔岩可以從這兒噴出。火山爆發時，熔岩、灰燼和塵埃便噴射到空氣中。

很多火山都位於海底，這類火山的爆發會形成新的島嶼。

## 熔岩是什麼？

熔岩是在地球裏面熔化了的石頭，會經由火山噴發出來，非常灼熱且極具破壞性。它們仍然在火山內的時候，名字叫岩漿。

熔岩

### 維蘇威火山

這個活火山位於意大利拿坡里，已爆發過很多次。在公元79年，它的爆發曾經讓整個龐貝城被火山灰燼覆蓋。

### 埃亞菲亞德拉冰蓋

2010年，這個位於冰島的火山爆發，形成了巨型的灰雲噴射到天空上，使航空交通一度混亂。

岩漿

# 洞穴

洞穴是延伸至**地底**深處的洞。史前人類習慣以洞穴作藏身之所，而現在有很多動物會住在洞穴內。

**鐘乳石**

## 洞穴怎樣形成？

一般而言，洞穴是經過**數百萬年**天然孕育而成的。雨水透過裂縫滲進一些石頭內，並逐小逐小地磨蝕它們，這是由於雨水中帶有輕微酸性所致。

**石筍**

**鐘乳石**

## 尖石

許多洞穴都有尖尖的礦物形成，稱為洞穴堆積物，最主要的種類是在地上生長的**石筍**和在洞穴頂懸掛的**鐘乳石**。

# 神奇的洞穴

## 穴居者

有些動物選擇住在**黑暗的**洞穴中。盲眼穴居蟹住在加那利羣島的洞穴內，還有許多蝙蝠都喜歡住在幽暗寧靜的地方。

在墨西哥坎特莫的一個洞穴內，一向住在森林地上的墨西哥橙黃色鼠蛇，會懸在天花上試圖捕獵蝙蝠。

盲眼穴居蟹

探索洞穴的人叫「洞穴勘探者」。

### 越南的韓松洞

這是世上最大的洞穴，裏面有森林、河流，甚至雲！

### 蘇格蘭的芬加爾岩洞

五千萬年以前由熔岩組成，因它的形狀和洞內發出的美妙聲音聞名。

### 俄羅斯的奧爾達海底洞穴

其中一個世界最長的海底洞穴，洞內的海水如水晶般清澈，使它成為潛水人士的聖地。

### 斯洛伐克的多布希納冰洞

在這個著名的洞穴內的冰厚得不可思議！遊客可以參加洞穴旅行團，親身觀看這一奇景。

# 湖泊

湖泊是**四周被土地圍繞**、面積很大的水池。湖泊可以非常廣大，還可以有許多生物，但有時卻可以幾乎沒有任何生物。

## 湖泊怎樣形成？

當**盆地**（凹陷的地）注滿水，便會成為湖泊，這些水通常來自雨水或冰川溶化的冰水。

天鵝
(Swan)

動物需要淡水來生存，所以很多動物會住在湖泊裏面或附近。

水獺
(Otter)

鷺
(Heron)

## 世界最大湖泊

位於歐洲和亞洲中間的**裏海**，是世界上最大的湖泊。由於它面積十分龐大，以前的人們曾經以為是海洋。約5百萬年前，因為地殼移動，導致它從地中海分裂出來。

裏海

## 火星生命

科學家於2018年發現了火星有**地下湖**的證據。這個發現有助我們了解，這些曾經覆蓋了整個火星的水發生了什麼事，同時亦代表着，或許有生命在這裏出現。

蜻蜓
(Dragonfly)

淡水鱒魚
(Freshwater trout)

蟾蜍
(Toad)

水蜥
(Newt)

希利爾湖

## 鹽湖

擁有大量鹽分的湖是非常不尋常的。有些時候，非常鹹的湖中會滋生出一些叫**細菌**的細小生物，這些生物會將湖變成粉紅色，澳洲的希利爾湖就是這樣。

鴨
(Duck)

### 死海

別被它的名字欺騙你！死海其實是一個很巨大的湖泊，因為它的水太鹹，所以差不多沒有生物能在水中生存，但它的鹽分亦令人很容易就能浮在水上。

### 貝加爾湖

這個位於俄羅斯的湖泊，水的深度大概是美國紐約帝國大廈的四倍高度。因此它是地球上最深的湖泊，同時，也是世上最大的淡水資源。

### 沃斯托克湖

你不能去這個湖游泳，因為它的位置在南極洲的冰蓋下面，而這個冰蓋的厚度達至4公里！

147

# 河

淡水從高山或山丘上流下，形成了溪澗。
多條溪澗合流在一起便成為一條河，迂迴曲折
地流入海中。

在亞馬遜河內有逾

## 野生動物

河中滿是野生動物，**尤其是魚類**。鳥
和熊等動物，會被吸引到布滿魚類的
河邊捕食。人類也喜歡到河邊釣魚。

亞馬遜河中包含的動物
有海豚和食人魚。

**食人魚**
(Piranha)

**粉紅淡水豚**
(Pink river
dolphin)

## 浩大的亞馬遜

亞馬遜河穿過整個位於南美洲的亞馬遜**雨林**，它的河水量比地球上任何一條河都要多，它的河口闊度與倫敦和巴黎之間的距離幾乎一樣。

3,000種魚！

世上最長的河是尼羅河，它流經11個非洲國家。

## 河流的誕生

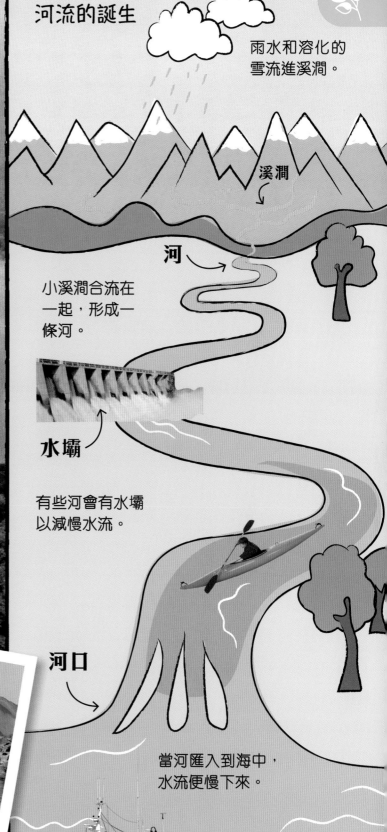

雨水和溶化的雪流進溪澗。

溪澗

河

小溪澗合流在一起，形成一條河。

水壩

有些河會有水壩以減慢水流。

河口

當河匯入到海中，水流便慢下來。

149

# 瀑布

當河水到達一個陡坡峭壁，從邊緣落下到下面的水塘時，會形成一道漂亮的**急流**，稱為瀑布。

## 瀑布的種類

瀑布有很多種類，有些會從上面**直接流落**下面的水池中，有些會隨着石頭開出的路徑**一級級**滾落。

優勝美地瀑布
美國：739米

薩瑟蘭瀑布
新西蘭：580米

薩瑟蘭瀑布會先跌下三個大石級才去到下面的水塘。

在某些時間，陽光的照射會令優勝美地瀑布看起來像在燃燒。

安赫爾瀑布
委內瑞拉：979米

安赫爾瀑布是世上最高的瀑布，高度是美國紐約帝國大廈的兩倍多。

## 瀑布是怎樣形成的？

瀑布是在**侵蝕作用**中形成的。隨時間推移，河水將下面的岩石侵蝕，製造出一道鋒利的岩脊，使河水落下。

冬天的時候，有些瀑布會結冰，形成巨大的冰錐。

有些大膽的人會為了追求刺激而翻越瀑布。1901年，安妮·泰勒 (Annie Taylor) 成為了第一個在木桶中掉落尼亞加拉大瀑布後仍然生還的人。

尼亞加拉大瀑布
美國：51米

# 平原

　　想想，如果每個方向都是一望無際，你能看到數公里外的景色⋯⋯這就是平原中能看到的風景：廣闊、開放的平地一直延伸至**你的視野能觸及最遠的地方**。

牛羚

## 知多一點點

平原是**非常平坦**的土地區域，有很多種類，包括草原、森林、稀樹草原，甚至海洋平原。大部分平原都擁有極端氣候，如強風、炎熱的夏天和乾旱寒冷的冬天。

塞倫蓋蒂

位於坦桑尼亞和肯尼亞的塞倫蓋蒂平原，是世上最壯觀的平原之一。

## 四處遷移

塞倫蓋蒂是一個擁有乾旱夏天的草原，每一年，數百萬牛羚、斑馬和瞪羚都會**穿越**這廣闊的平原，尋找鮮草、水源和安全的地方去生育寶寶。

平原可以是因為侵蝕作用、火山爆發和水災而形成。

塞倫蓋蒂在當地人的認知中，是「了無邊際的土地」。

平原遍及整個地球，甚至地球以外的地方！

### 北美大平原

這個在北美洲的廣闊草原，大部分是農業用地。小心「龍捲風道」區域，那裏經常出現危險的龍捲風。

### 北極平原

位於北極的平原又叫「凍原」，這些空曠無樹的地區擁有的冬天非常漫長而寒冷，且大部分時候都是一片漆黑。

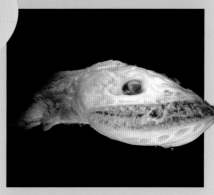

### 海洋

不論你相信與否，在深海之中也有海洋平原，這些平原中住滿了古怪的魚類和其他海生動物。

### 地球以外

水星和火星等行星都有平原。數個太空飛行器和探測車曾降落在火星，探索火星的表面。

# 完美的植物

葉 →

地球布滿了數十億**植物**。從細小的花朵到擎天巨樹，植物有不同形狀、大小和顏色。

植物要正常生長，需要光、水、營養和空氣。

## 神奇的花

花不光很美麗，更可以幫助植物生出新的種子，同時，亦為動物提供了**食物和藏身處**。

蜜蜂會被鮮豔的花朵吸引，牠們會從植物上採集花蜜，然後轉化成蜜糖。

花

向日葵

蘭花　水仙　鬱金香

香草與香料

細香蔥　辣椒　薄荷

我們吸入的**氧氣**是由植物釋放出來的。

**樹**

常綠樹木如松樹，全年都長着綠葉。

落葉樹木如橡樹，在秋天的時候會落葉。

果樹如蘋果樹，會結出可以供我們食用的水果。

許多樹木如櫻花樹，會長出花朵。

我用嘴敲擊樹幹，尋找美味的昆蟲作食物，也會啄出適合我棲身的洞穴作鳥巢。

啄木鳥

樹幹

## 強大的樹

樹擁有粗粗的**樹幹**將樹身與地底根部連接，樹幹會越來越高及粗，讓樹木繼續生長得更高時得到支撐，不會倒下。

**水果與蔬菜**

番茄　薯仔　士多啤梨　青瓜

地球上的植物種類超過300,000種。

我是哺乳類
動物！

# 野生動物

我們的世界滿是**奇妙的動物**！由體形龐大的象，到蜿蜒滑行的蛇，每一種動物都有其特別之處。

| 哺乳類 | 鳥類 | 魚類 |
|---|---|---|

所有哺乳類動物都是**溫血的**，有相似的骨骼，大部分都擁有毛髮。人類也是哺乳類動物！

雖然並非所有鳥類都可以飛，但牠們都擁有**羽毛**、喙，也全是由蛋孵化的。

魚在海洋生活，牠們用鰓來呼吸，用鰭來游泳。大部分魚都有鱗片，屬於**冷血**動物。

**大象**

**鸚鵡**

我不可以飛，但卻跑得很快！

**鯊魚**

**蝙蝠**

**鴯鶓**

**海馬**

我是海洋中的哺乳類動物。

**神仙魚**

**海豚**

**鴨**

## 動物類別

由於動物有許多個**不同種類**，科學家將動物分為六大類別，這有助我們了解動物之間的相同和相異之處。

你知道嗎？世界上大部分的動物都沒有骨骼，牠們被稱為無脊椎動物。

| 爬行類 | 兩棲類 | 節肢類 |
|---|---|---|
| 爬行類的身體覆蓋**鱗片**，而且它們會脫皮。大部分爬行類都是冷血動物，由蛋孵化而成。 | 大部分兩棲動物都會有些時候住在**水裏**、有些時候住在**陸地**，牠們在水裏孵蛋、擁有冷血及滑屎屎的皮。 | 節肢動物是**最大的**動物羣組，由昆蟲、蜘蛛綱和甲殼亞門組成，牠們全都有**許多隻腳**！ |

蛇

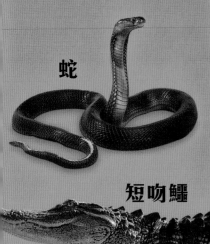

短吻鱷

蜥蜴

墨西哥蚓螈

斑點鈍口螈

瓢蟲

蝴蝶

龍蝦

廣大的世界正等待你去探索！由高塔到美麗的建築⋯⋯數之不盡的、極吸引人的美妙事物等着你去體驗。你需要做的，只是翻到下頁、出發去**大冒險**！

# 瓦卡奇納綠洲

在秘魯的沙漠，那裏的水很珍貴，而這個令人驚歎的小鎮卻圍着一個**綠洲**而建，旅客到訪瓦卡奇納綠洲是為了尋找刺激。

## 沙漠中的市鎮

瓦卡奇納綠洲，距離秘魯首都利馬數小時路程，四周均被**巨大的沙丘**環繞。

瓦卡奇納綠洲只有大約100人居住，但是每年都會有數千旅客到訪。

## 探險愛好者

到瓦卡奇納綠洲旅行的人，通常是為了在這兒尋找**樂趣**。旅客可以駕駛越野車，以極限速度穿梭整個沙漠；又或是去滑沙，越過一個又一個沙丘。

## 納斯卡線條

在距離瓦卡奇納綠洲不遠處，神秘的納斯卡線條組成巨大的圖形和**動物繪圖**，它們是古納斯卡人在千多年以前刻畫在地上的。

瓦卡奇納的意思是「哭泣的女人」。

傳說中，這個湖是被一個公主的眼淚填滿的。

# 鬱金香花田

鬱金香是荷蘭的國花，整個國家都能夠找到色彩鮮豔的美麗花田。

黑色鬱金香是一個流傳了數百年的傳說，但在1986年人們培育出第一朵黑色鬱金香。

欣賞鬱金香花田的最佳時間是三月至五月，那是鬱金香綻放的時候。

## 鬱金香狂熱！

鬱金香在1500年代，由土耳其傳入荷蘭，它們在荷蘭非常流行，這個時期甚至被稱為「鬱金香狂熱」。人們用黃金來買鬱金香球莖，而有些人會將它們從花園中偷走！

鬱金香的英文「Tulip」源自土耳其語的「tulipan」，意思是「頭巾」。

一年一度在荷蘭利瑟舉辦的**庫肯霍夫花展**是世上最大型的花展之一，展示超過700萬朵花及800個品種的鬱金香。

荷蘭每年都有**國家鬱金香日**，當天會有花車巡遊。此外，阿姆斯特丹的廣場上會遍布由一個特別的花園供應的鬱金香，讓人們免費採摘回家。

# 新天鵝堡

在德國拜仁的山頂上，有一座極為漂亮迷人的城堡。

在華特迪士尼夢幻王國主題公園內的城堡，原型便是新天鵝堡。

城堡內有一個很大的花園和超過100個房間，當中很多都放滿精細的油畫、雕刻和家具。

## 童話中的城堡

大部分城堡都是為了抵禦進攻而興建，但新天鵝堡卻是為了**賞心悅目**而建的，所以它看起上來像是屬於童話一樣夢幻。

城堡四周有着天鵝圖像，因為天鵝在國王路德維希最喜歡的傳說中出現。

新天鵝堡的名稱 Neuschwanstein，發音是「NOY-shvan-stine」。

## 路德維希二世

新天鵝堡於1886年興建，當時拜仁的統治者是路德維希二世，他有高貴的品味和對神話、故事與**傳說**的喜愛。路德維希想住在一座像故事裏的城堡中，所以他就命人興建了一座城堡！

路德維希花了18年時間去興建他夢想中的城堡，卻只能在城堡中住了172日。

165

# 伊甸園計劃

踏入英國康和郡伊甸園計劃內這個奇妙的**樹木和植物世界**，裏面的花園和穹頂温室中栽植了逾200萬棵植物。

地中海海邊生物羣落在夏天非常熱，但在冬天卻既多雨又冰涼。

雨林是一個炎熱和多雨的生物羣落。

## 什麼是生物羣落？

在世界各地擁有相似的氣候、植物和野生動物的地方，一般稱為生物羣落（Biome）。

伊甸園計劃儲藏了世上

## 在雨林中散步

在**熱帶**溫度的雨林溫室中，你可以看到香蕉和可可樹、芳香的蘭花，甚至是奔騰飛瀉的瀑布！

**澳洲刺葉樹**

巨花魔芋這種巨型花，味道像極了腐爛的肉，它的花瓣綻放時，會將四方八面的昆蟲都吸引過來！

**巨花魔芋**

## 感受地中海

在**和暖**的地中海溫室內，嗅嗅新鮮的香草和植物味道吧！在這兒，你可以找到澳洲西部的刺葉樹、老橡皮軟木製的雕刻和一條金色的馬賽克小徑。

## 室外花園

在穹頂溫室外面，數以千計的花朵在清新的空氣中綻放，還有用作種植世界各地食物的農圃。

這個巨型雕塑由羅拔．布拉特福特（Robert Bradford）創作，意在提醒旅客，蜜蜂在大自然中的重要性。

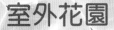

最大的室內雨林。

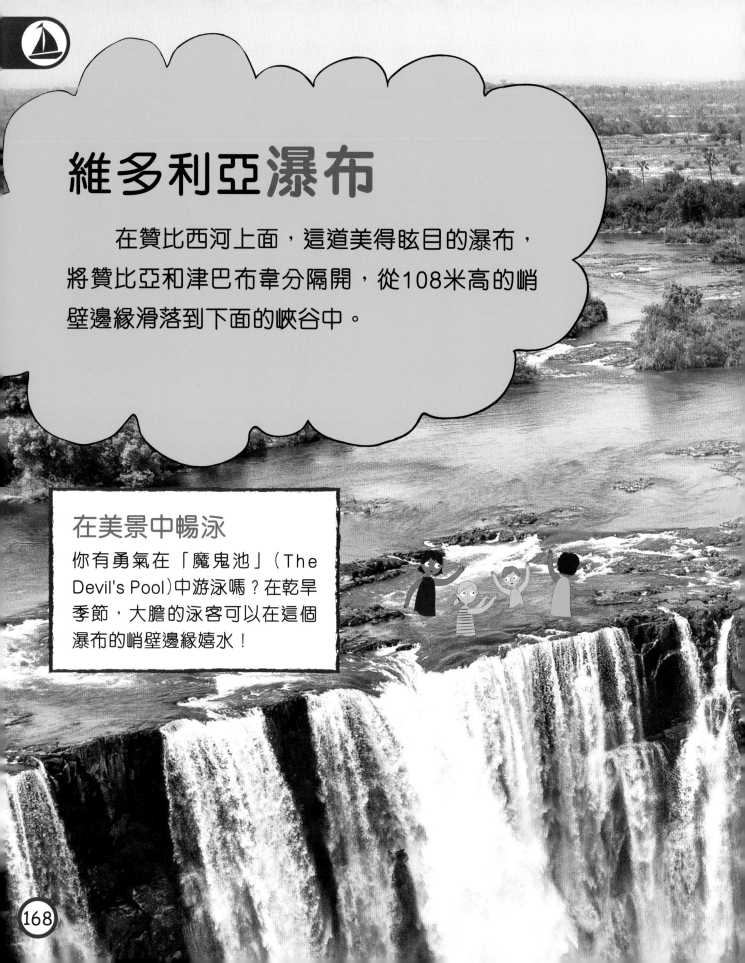

# 維多利亞瀑布

在贊比西河上面，這道美得眩目的瀑布，將贊比亞和津巴布韋分隔開，從108米高的峭壁邊緣滑落到下面的峽谷中。

## 在美景中暢泳

你有勇氣在「魔鬼池」（The Devil's Pool）中游泳嗎？在乾旱季節，大膽的泳客可以在這個瀑布的峭壁邊緣嬉水！

贊比西河流經六個國家，維多利亞瀑布只是這條河道沿線其中的一個瀑布。

維多利亞瀑布亦稱作莫西奧圖尼亞 (Mosi-oa-Tunya)，意思是「雷鳴的煙霧」。

在**探險家**大衞·李文斯頓（David Livingstone）首次踏足非洲大陸時，非洲大部分地方對世界上其他的人來說非常神秘。他是第一個發現這個瀑布的歐洲人，並且以英國維多利亞女王的名字為它命名。

# 烏魯魯

這塊巨大的**聖石**位於澳洲灌木的荒漠深處，叫作烏魯魯。它由阿南古族（Anangu）人所擁有，是有上萬年歷史的人類居住地。

在阿南古族的傳說中，聖石上的弧線和符號是由一條**憤怒的蛇**造成的。

## 灌木林的食物

縱使在空曠的灌木林地中，如果你知道去哪兒有食物，仍然是可以找到食物的。阿南古族人知道如何**尋找**和**搜集**水果、肉類和幼蟲。

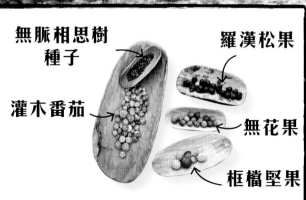

無脈相思樹種子

羅漢松果

灌木番茄

無花果

框檔堅果

## 聖石

在烏魯魯內是一個個洞穴，當中充滿**古代的岩石藝術品**，這些藝術作品傳承了阿南古族世世代代的知識、傳說和責任。

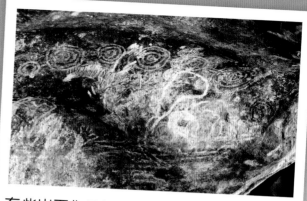

有些岩石作品繪畫在其他圖畫上面，因為從前的洞穴牆就像老師寫作的白板，用作傳述阿南古族的故事。

這塊巨大的岩石延伸至地下。

## 野生動物

這個澳洲灌木林地布滿那些**特別適合**住在炎熱和乾旱沙漠中的動物和植物。

澳洲魔蜥　　　　兔袋鼠

# 泰姬陵

　　在印度北部可以找到世上最美麗的建築物之一，這座富麗堂皇的**陵墓**花了超過二十年，動用了接近兩萬個工人興建。

大型的中央主穹頂被四個小穹頂包圍。

這座皇宮是莫卧兒帝國的沙賈漢，為紀念他摯愛的妻子姬蔓·芭奴而建的。

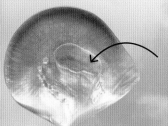
部分牆身用了珍珠母作裝飾，那是一種蠔殼內含有的閃耀物質。

## 完美的宮殿

泰姬陵以**對稱**而著名，它的每一面外觀都是一模一樣的！整座泰姬陵以白色大理石和無數名貴寶石裝飾。

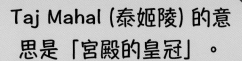

Taj Mahal（泰姬陵）的意思是「宮殿的皇冠」。

這座皇宮會反射燈光，所以它的顏色會隨着時間或季節的轉變而出現變化。

## 望鏡頭，笑！

**每年有上百萬遊客**到訪泰姬陵，數以千計的遊客都會站在這座宏偉的皇宮前，拍攝一模一樣的照片。1、2、3——笑！

真棒的建築啊！

# 達瓦札 天然氣燃燒坑

地球上其中一個最神奇的地方——達瓦札天然氣燃燒坑是一個位於沙漠中間非常巨大的**火焰洞**，它無間斷地燃燒了許多年！

## 這個火焰洞是怎樣形成的？

1971年，一羣科學家正在土庫曼斯坦的**卡拉庫姆沙漠**鑽井，地面突然塌下了，露出一個極大的、充滿甲烷的地下洞穴，於是他們在洞口點了火以杜絕那些氣體。他們以為火和氣體很快會耗盡，然而，他們錯了。自那時開始，那些火一直都在燃燒，直到現在！

雖然這個坑被隔絕在沙漠中，但仍然有許多人從四方八面過來觀看。這裏什麼也沒有，那怕是一道安全的欄杆也沒有！

這個坑洞闊69米、深30米。

這個巨大的坑也常稱作
「地獄之門」。

甲烷是什麼？
甲烷是一種容易燃燒
的天然氣體，它完全
無色無味，但對環境
卻有很大傷害。

## 玩命者

在裏面的溫度比滾水還要熱十
倍！2014年，探險家喬治·
庫魯尼斯 (George Kourounis)
成為第一個**爬下這個坑**並在
坑裏走過的人。

喬治·庫魯尼斯的爬坑之旅非常危險，他需要穿戴
一組非常特殊的裝備，保護他免被高溫所傷。

# 失落的佩特拉古城

兩千多年以前，人們在一個峭壁上直接雕鑿出佩特拉古城，但是，這個隱藏的城市逐漸被廢棄、遺忘，然後在**數百年**後再次被人發現。

我是旅行家伯克哈特 (Johann Judwig Burckhardt)，我在1812年重新發現了佩特拉古城。

佩特拉也被稱為「玫瑰城」，因為它位處的沙岩峭壁看上去是粉紅色的。

佩特拉曾經是一個**富裕的城市**，是香料的貿易地。

這個城市由納巴泰人興建，雖然他們是遊牧部落，在沙漠中四處移居，但是佩特拉卻成了他們的首都。

佩特拉位於約旦，在納巴泰人興盛的時期，商人會騎着駱駝橫過阿拉伯沙漠到達這兒。

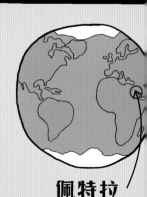

佩特拉

佩特拉隱藏在峭壁之中一條
又長又窄的小徑後面，在西
克峽谷的盡頭。

# 索科特拉島

站在「地球上最**像外星**的地方」之上會是怎樣的呢？你要去探訪這個在也門海岸的小島才能體驗當中感受。

索科特拉島有時又稱為「幸福島」。

沙漠玫瑰

索科特拉島

## 與別不同的島嶼

許多在島上發現的植物和動物，在地球上別的地方都找不到，並且外形和地球上其他物種看起來都不一樣！

索科特拉島上的植物和動物與別不同的原因，是這個島和非洲大陸分離了600萬年以上。

非洲

白兀鷲

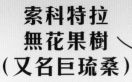

索科特拉
無花果樹
（又名巨琉桑）

瓶幹樹

大約有60,000人
居住在索科特拉島，
但島上差不多沒
有道路。

索科特拉變色龍

## 索科特拉龍血樹

樹的外形並非它唯一特別之處，還
有它的樹皮**流出**的血紅色的液體。
這液體可以用作染料，亦能治療割
傷、咬傷和燒傷的患處。

雖然它的外形像反
了的雨傘，然而卻
可以收集雨水而非
擋去雨水。

索科特拉龍血樹

# 常陸海濱公園

　　這個位於日本常陸那珂市的夢幻之地，一直都色彩繽紛。常陸海濱公園全年都繁花似錦，所以遊客可以在姹紫嫣紅的花草中間散步。

夏天

整個夏天，有450萬朵粉蝶花（又稱「嬰兒的藍眼睛」）在公園內綻放。

秋天

在秋天，見晴之丘上的掃帚草會由夏天的青綠色，變成火紅色。

## 絢麗多彩

春天的藍色粉蝶花，彷似一片汪洋大海；秋天的火紅掃帚草，猶如一張舖滿山丘的地毯。隨着**季節**轉變，會有不同的花朵綻放。

**冬天**

冬末和初春的時候，能看見大量金黃色的水仙花盛開。

**春天**

春天的時候，公園的樹林內開滿了一排排顏色豔麗的鬱金香。

# 巨人堤道

這些在愛爾蘭北部海岸的奇特石頭，看上去像是一根根**石柱**。它們世界聞名，但是它們是怎樣形成的呢？

這些柱子是由名為玄武岩的岩石構成，大概有四萬條。

## 蔚為奇觀的岩石

約於六千萬年前，液態岩石從地殼噴出，接着這些液態岩石逐漸冷卻、凝固，變成固體，再**裂開**。然後，這些岩石分裂成數千條柱，它們大部分都是六角柱體。

182

這個堤道是很多
雀鳥和罕見植物
的家園。

## 巨人傳說

根據愛爾蘭傳說，這個堤道由一個叫
芬恩‧麥克庫爾的巨人搭建，原是作
為一道**橋樑**，讓他能跨越大海到蘇格
蘭，和他的敵人戰鬥。

「許願椅」是一個外形像
寶座的岩石部分，過去只
有女性能坐在這兒。

# 珠穆朗瑪峯

亞洲的珠穆朗瑪峯是**地球上的最高點**，高度為8,848米。最高處的景色令人屏息驚歎，能攀爬到頂峯確實是極大的成就！

攀爬上珠穆朗瑪峯大約要花上兩個月時間。

攀山人士會在上山途中的基地營停留，以預備最困難的一段路程。

氧氣罐

禦寒衣物

## 登山

珠穆朗瑪峯有着刺骨的寒冷，非常危險陡峭，而且因位置太高而缺乏**氧氣**。許多年來，無數爬山人士嘗試爬上山峯，但大部分人都失敗。沒有氧氣罐，幾乎是不可能上到頂峯。

← **山峯**

### 值得紀念的攀山好手

1953年，艾德蒙·希拉里爵士(Sir Edmund Hillary) 和丹增·諾蓋 (Tenzing Norgay) 成為首兩位能登上珠穆朗瑪峯的人。

## 雪巴人

雪巴人是一羣住在珠穆朗瑪峯山腳下的人，他們擔當**嚮導**的角色，協助登山人士上山。

# 萬里長城

　　中國有許多現代城市，然而，她其中一個非常著名的景點，是一座**二千多年前**興建的龐大城牆。

萬里長城是地球上最大型人工興建的建築物！

## 興建城牆

萬里長城並非一次過建成，是經過多年，由多座較短的城牆連接或補建城牆而成。一般認為它曾經有8,850公里長，今天，大部分城牆已崩塌成頹垣敗瓦，但是它仍非常長！

萬里長城是由石頭、泥土和木條建成的，它的平均高度比長頸鹿還要高。

## 古代中國

許久以前，中國曾經分為許多個諸侯國，其中一個諸侯國的統治者是秦始皇。他征服了敵人，將中國統一成為一個國家，秦始皇亦成為了**第一個皇帝**。

萬里長城現在是中國其中一個最受歡迎的旅遊景點，每年有逾一千萬人到此遊覽。

在萬里長城城樓上的士兵瞭望區。

秦始皇

秦始皇將眾多城牆連接，以防禦**匈奴**，數十萬的工人花了許多年時間去建造和修葺城牆。

許多人聲稱在太空能看到萬里長城，其實並不是真的。

# 龐貝古城

回到過去大概並不可能，但是這個古老的意大利城市卻彷彿**凍結在時間中**。到訪這兒就像經歷一次穿越古代的旅程。

研究古代物件和地點的人，稱為考古學家。考古家者挖掘了接近5米的火山灰，才挖出了龐貝古城。

## 發生了什麼事？

龐貝古城的位置靠近**維蘇威火山**。公元79年，維蘇威火山爆發，毀滅了整個龐貝，並將這座古城埋藏在一堆火山灰下面接近 2,000 年。

錢幣

維蘇威火山

維蘇威火山是座活火山，隨時都會再爆發！

維蘇威火山爆發時，只過了兩個小時，便將整個城市徹底地埋藏在火山灰、岩石和熔岩下。

火山灰保存了龐貝城，今天你可以到這兒遊覽及探索遺跡。

神秘別墅

古代食物店舖

行程：

✓ 在羅馬街道間逛

✓ 到訪羅馬浴場

✓ 尋找馬賽克噴泉

✓ 參觀神秘別墅

✓ 探尋廟宇

✓ 欣賞龐貝競技場

# 大堡礁

　　這個在澳洲海岸的巨型珊瑚礁，是一個美得令人怦然心動的自然奇觀。這個地方滿是色彩奪目的植物和生物，但是它正**面臨危機**。

### 珊瑚礁是什麼？

珊瑚礁由骨骼殘骸及礦物質形成，是許多在海洋生活的植物和動物的**家園**。

## 消失中的珊瑚礁

由於氣候變化，海洋變暖，導致**珊瑚白化**，令珊瑚死亡。大堡礁出現大量珊瑚白化的情況，結果，數百萬以珊瑚礁作棲息地的生物正逐漸消失。

大堡礁由超過2,900個礁石和900個島嶼組合而成，面積非常廣闊，甚至在太空上，也能看見大堡礁。

## 保育珊瑚礁

科學家正在培植珊瑚，嘗試拯救珊瑚礁。我們也可以透過減少**碳足跡**（即排放在空氣中的二氧化碳含量）來保護珊瑚礁。

自然保育學者努力研究保護珊瑚的方法。

# 聖誕島

　　每一年，在印度洋的聖誕島上，都會有不可思議的現象出現。數百萬隻**紅蟹**會一起從森林爬到沙灘上。

## 名字的起源

1643年的聖誕日，東印度公司的一位船長，威廉·邁納斯（William Mynors）航行經過這個小島，給它起了「聖誕島」這個獨特的名字。

ROAD CLOSED

紅蟹出來的時候，當地的森林管理員會開放一些特別的小路、橋和隧道，同時關閉一些道路，讓紅蟹不會被車撞到。

約有四至五千萬隻紅蟹在同一時間聚集在沙灘上。

## 好一個旅行！

紅蟹集體爬到沙灘上的原因，是為了生育**小紅蟹**！雄蟹會先到，然後在沙灘上與雌蟹會合。

**1**

雌蟹會在適合的潮汐產卵，並讓它們在海中孵化出生。

**2**

小小的紅蟹寶寶在返回陸地之前，會在海中逗留一個月。

**3**

這些紅蟹會爬行到島的中心地帶，然後躲藏在森林中，直至成年。

哈里法塔的高度是828米。

# 哈里法塔

阿聯酋的杜拜到處都是當麗宏偉的建築物，但當中沒有一棟比哈里法塔更令人震撼。

第一

這座塔非常高，在100公里以外的地方也能看到它。

這座塔打破了數項世界紀錄，現時是世界上最高的建築物。

### 紀錄保持者

哈里法塔在許多方面都突破了紀錄，它的重量比100,000隻大象還要重，它是世上層數最多的建築，而且還擁有全球最高的餐廳和游泳池。

這座塔內有超過1,000間公寓、辦公室和酒店房間。

哈里法塔是世上**上鏡率**最高的建築物之一。

## 探索杜拜

杜拜這個城市充滿令人歡為**觀止的建築物和設施**。

這些巨型的人工島嶼被建造成樹的形狀，稱為**棕櫚羣島**。

**杜拜購物中心**擁有超過1,200家商店，是世上規模最大的購物中心。

這座山位於中國甘肅張掖丹霞國家地質公園。
丹霞的意思是「丹紅色的雲彩」。

## 千變萬化的色彩

這些顏色來自岩石上的**礦物**。下雨的時候，雨水會和不同種類的岩石混和，並改變它們的顏色。原理類似金屬在雨水下變紅，然後生鏽的過程。

# 彩虹山

你有想過在**彩虹**上行走嗎？最接近的方式，或許是到訪中國這座擁有天然彩虹色彩的山。

每年觀賞北極光的最佳時機是冬天天空最黑的時候。

# 極光

在世界的某些地區，當你在適當的時間抬頭望向天空，或許會見到頭上跳躍着的美麗光芒，這個神奇的現象叫做**極光**。

## 為何會有極光？

極光的出現，是因為從太陽而來的粒子**太陽風**撞入地球磁場內，這些粒子碰撞在空氣中一種叫原子的細小物質上，使它們發出亮光。

最常見的極光顏色是綠色，但也會出現紅色、粉紅色、黃色和藍色的極光。

### 雙龍鬥

一個**中國傳說**提到極光出現的原因，是善良的龍和邪惡的龍在天空上戰鬥。

### 火狐

根據一個**芬蘭神話**，極光的出現，是因為狐狸用火造的尾巴在天空中劃過。

## 觀賞極光的房間

加拿大、阿拉斯加和北歐都是觀賞極光的最佳地點。芬蘭的北極光度假村,是其中一個欣賞迷人極光的最佳地區。你可以在安裝了玻璃天花的小屋中,躺在牀上細看這美妙絕倫的奇觀。

靠近北極出現的,稱為北極光。

靠近南極出現的,稱為南極光。

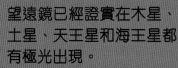

望遠鏡已經證實在木星、土星、天王星和海王星都有極光出現。

# 奈卡水晶洞

在墨西哥地底下，有些奇妙的東西在緩慢地生長：
那是一些令人歎為觀止的**巨型水晶**。

**水晶宮**

這些水晶在墨西哥的奈卡礦洞內，因此這裏一般被稱為「奈卡水晶洞」。洞穴位處**地底深處**，且周圍非常酷熱、潮濕。

在2000年，人們發現洞穴時，洞內已被水淹沒。科學家將水排走後，那些水晶便停止了生長。

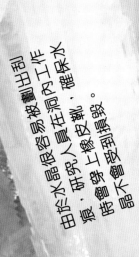

由於水晶很容易被劃出刮痕，研究人員在洞內工作時會穿上像皮靴，確保水晶不會受到損毀。

**橡膠靴**

# 自由女神像

自由女神像高聳莊嚴地
聳立在美國紐約海岸，象徵全
世界的希望和**自由**。

## 自由之旅

在法國用了10年時間才製作完成的自由
女神像，從底部到手上的火炬，高度是
93米。製作過程完成後，她被分拆在
214個木箱中經由海運送到美國再重新
組合，直至1886年正式完工。

我手上的火炬代表照
亮邁向自由的道路。

## 標誌與象徵

「自由女神」是為了紀念美國革命
(American Revolution) 與美國奴隸制
度的結束而建造。女神面向海洋，迎
接剛來到美國的人；她的腳上踏著**斷
裂的鎖鏈**，象徵逃脫恐怖的奴隸制
度。

女神像最初建成時是啡紅色
的，隨年月過去，因雨水和
氧氣而變成綠色。

渡輪

遊客可以乘坐渡輪到自由島，近距離觀賞自由女神像。

## 誰建造的？

自由女神像是法國人送給美國的禮物，由弗里德利·奧古斯特·巴特勒迪 (Frederic-Auguste Bartholdi) 設計，居斯塔夫·艾菲爾 (Gustave Eiffel) 建造，後者接下來建造了著名的法國**艾菲爾鐵塔**。

弗里德利·奧古斯特·巴特勒迪

居斯塔夫·艾菲爾

斷裂的鎖鏈

# 科羅拉多大峽谷

美國的科羅拉多大峽谷因驚人的面積、震撼的懸崖和惹眼的顏色而為人熟悉,是世界上其中一個最**令人驚歎的地貌**。

## 它怎樣形成?

經過數百萬年,科羅拉多河流過地面,慢慢將岩石一點一點地沖刷掉,形成了一個巨大的峽谷。

**每年有數百萬人到大峽谷遊覽。**

峽谷內有不少攀登路徑,但這些路徑有時會存在危險,每年都有數百人需要救援。

其中一個最佳的欣賞風景方式,是從高空俯瞰:直升機載着遊客展開無可比擬的觀光之旅。

## 宏偉壯觀

大峽谷**非常龐大**！它長446公里、闊16公里，而且一些地方還非常深，甚至將世上最高的建築——哈里法塔安置在裏面後，還能騰出空間！

天空步道是一個透明的平台，走在上面的遊客可以直接觀看下面的峽谷。站在上面的人，必須要大膽無畏。

## 有許多方式可以觀賞這非凡的景色。

最緊張刺激的，是坐在橡皮筏內，在急湍的河流中沿河而下。

# 阿蒙森－史葛南極站

南極是一個冰冷的**荒野**，除了這個考察站外，
周圍什麼也沒有。你認為到訪這兒會是怎麼樣的呢？

用具、食物和其他日用品都
要透過船或飛機運送。

## 這裏怎麼了？

在南極洲，沒有人會一直在這裏生活，
但是**科學家**和研究人員會留在站內，
進行有關地球、氣候、野生動物、冰川
和太空等各項實驗。

羅伯特·史葛
(Robert Scott)

## 站內生活

來基地的訪客通常會逗留數個月,故此,除了實驗室和宿舍外,還有食堂、健身房、遊戲室、電視休息室、圖書館、酒吧、醫院、郵局、溫室和商店。這兒甚至有桑拿房!

實驗室

電機房

宿舍

**羅爾德・阿蒙森**
(Roald Amundsen)

站名以英國探險家羅伯特・史葛和挪威探險家羅爾德・阿蒙森的名字命名,因為他們是最早帶領探險隊到達南極點的人。

南極洲雖然被冰覆蓋,但仍然有一些著名地標:

許多人到訪南極洲都會渡過戴基海峽,它是世上其中一個最風急浪高的海洋。

埃里伯斯火山是南極洲上最活躍的火山,它是冰與火的交會處。

羅斯冰架的名字以英國船長詹姆斯・克拉克・羅斯 (James Clark Ross) 的名字命名,是一塊面積有法國那麼大的冰塊。

# 復活節島

這個位處太平洋中間的孤島，以**令人難忘**的巨型岩石雕塑聞名於世。

### 宏偉的摩艾

稱為**摩艾**（moai）的887個石像，已經在復活島屹立了超過五百年，它們的平均高度是4米，差不多和長頸鹿一樣高！

有些石像大部分身軀都被埋在地底下。

最巨型的摩艾有9米高！

雖然復活節島距離智利數千公里，但它是智利的一部分。

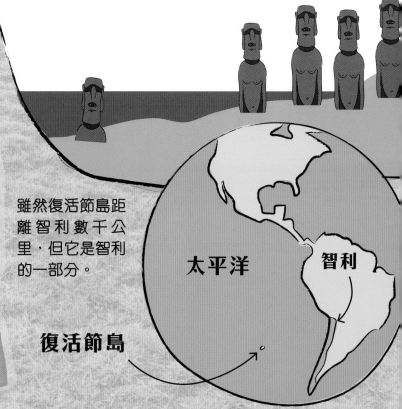

太平洋　智利

**復活節島**

古代玻里尼西亞人橫渡太平洋，尋找新島嶼。

島嶼的玻里尼西亞名字是「Rapa Nui」。

## 石像是誰雕的？

摩艾石像是由一羣玻里尼西亞人雕刻建造的。古代玻里尼西亞人是出色的航海員，他們能夠用獨木舟橫渡數千公里，探索太平洋。

大部分專家都相信，玻里尼西亞人雕造摩艾石像，是為了向他們的祖先表示敬意。

玻利維亞

太平洋

# 烏尤尼鹽沼

你能想像到有一個地方，它的地面看起來就像一面**鏡子**嗎？在玻利維亞的烏尤尼鹽沼正正就是這個樣子。

## 這是什麼？

烏尤尼鹽沼是一個世界最大的收集鹽的內陸區域。下雨的時候，雨水淹沒整個區域，在地上映出了**完美的天空倒影**。

採鹽者收集的鹽，一部分會用來煮食。

很難找出大地和天空的分界線！

烏尤尼鹽沼是地球上最平坦的地方。

烏尤尼鹽沼的遊客可以住在一家很特別的酒店，裏面的家具是用鹽塊造的！

## 鹽沼生活

大部分植物在鹹分太高的土地上都不能生存，所以那裏往往很少動物。但是，有一種小小的齧齒類動物名字叫**山絨鼠**（Viscacha），可以在只有灌木和仙人掌的地方生存，還有大羣**紅鸛**（Flamingo）在鹽沼上築巢，等候牠的鳥蛋孵化。

山絨鼠

# 聖巴索大教堂

在俄羅斯首都莫斯科的市中心，有一座世上最具特色、**最色彩鮮豔**的建築物。你看！

## 興建聖巴索

聖巴索大教堂由俄羅斯沙皇伊凡四世（外號**恐怖的伊凡**）下令興建。它在1555至1561年間興建，是當時莫斯科最高的建築。

每個圓頂都有獨特的圖案和顏色。

每座禮拜堂都蓋着一個洋蔥形狀的圓頂。

整座教堂由9座禮拜堂組成，8個較小的禮拜堂圍繞著一個大禮拜堂。

大教堂最初建成的時候，有著白色牆身和金色圓頂，豔麗的色彩裝飾是後來才增添上去的。

## 恐怖的伊凡

傳說中恐怖的伊凡確是很可怕的！據說他剌瞎了大教堂的建築師，目的是阻止對方興建比大教堂更美麗的建築物。幸好，這故事是**假的**！

# 艾菲爾鐵塔

位於法國巴黎的艾菲爾鐵塔建
於1889年，是世上最著名的建築物
之一，每年有700萬人到訪！

只有乘搭電梯才能
上到觀景台。

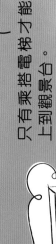

## 俯瞰巴黎

鐵塔高324米，你能去到的最高點是
276米。觀景台提供了超級棒的城市景
觀，但要上去，需要爬過1,710級樓
梯晃晃的樓級，可真是長路漫漫呢！

鐵塔是為了慶祝法國大
革命100周年而興建。

到了晚上，艾菲爾鐵塔在開啟
了20,000個燈泡的情況下，成
了璀璨奪目的美麗燈飾。

## 鐵塔的建造

這龐大的鐵塔由居斯塔夫‧艾菲爾（Gustave Eiffel）設計，並以他的名字命名。整座塔有超過18,000個部分，動用了300個工人大約花了兩年時間完成。

第一層有玻璃地板，遊客可以透過玻璃觀看下面的行人。

居斯塔夫‧艾菲爾

抗議！

第二層有餐廳和商店，那裏可以觀看壯麗的巴黎景色。

鐵塔興建初期，並非所有人都喜歡它，有些反對者覺得它的外形很醜。

# 星星之海

　　**馬爾代夫**是印度洋中的一個國家，那裏清澈的海水和美麗的沙灘非常著名，而有些時候，這兒會有神秘現象發生，使**黑暗中的海浪閃閃發光**！

**馬爾代夫**

**印度洋**

馬爾代夫由超過1,000個島嶼組合而成，發光的海浪會在不同島嶼附近出現，尤其較常在瓦度島出現。

這個奇妙景觀同樣可以在波多黎各看到。

## 漂亮的浮游生物

儘管它的名字是星星之海，但這個景色並非是星星的倒影，而是由一羣細小的**浮游生物**(Plankton)造成。有些浮游生物可以發光，造成了稱為**生物發光現象**的美麗閃光效果。

## 稀有活動

星星之海的其中一個謎，是**沒有人知道**這些浮游生物發光的**確實時間**，而發光的現象通常會在夏天快完時出現，但會取決於氣候和浮游生物的數量。

**浮游生物**

# 未來世界

我們的世界一直在改變。你認為**未來的**世界會是怎樣的呢？我們不能確實知道將會發生什麼事，但我們可以決定令它變得更好！

到了2050年，這個星球上

## 長壽？

醫生和科學家在努力研製新藥物和治療疾病。或許有一天，人類可以活上數百年！

今天165歲了！

機械人已經可以幫我們工作，它們亦越來越聰明。在未來，機械人或許會是我們生活中很重要的一部分。

會有接近**100億人**。

## 外星生物？

一些人相信在其他行星有生命存在，有一天我們會**找到外星人**。這並沒有任何證據，但幻想一下擁有一個外星朋友也無妨！

## 我們的星球會怎樣？

地球的未來，實在令人擔心。我們需要**保護這個星球**，解決氣候變化、環境污染、砍伐森林等問題。雖然專家已經着手處理這些問題，但我們需要有更多行動。

我們對海洋的認知很少，但可能很快便會有神奇的新發現。

部分太空人已經在太空中的國際太空站居住，或許有一天，我們可以住在月球或其他行星上。

# 中英對照索引

# 鳴謝

The publisher would like to thank the following for their kind permission to reproduce their photographs:

Key: a= above; b=below/bottom; c=centre; f=far; l=left; r=right; t=top.

1 Dreamstime.com: Jerryway (cla); Tacettin Ulas / Photofactoryulas (tl). 2 123RF.com: Andrejs Pidjass / NejroN (tc). 3 Dreamstime.com: Dirk Ercken / Kikkerdirk (cr). 4 123RF.com: rawpixel (bl). 5 Dreamstime.com: Menno67 (tl). 8 123RF.com: Andrejs Pidjass / NejroN (ca). 10 iStockphoto.com: Kdshutterman (c). 11 iStockphoto.com: Filipefrazao (clb); gbh007 (ca). 20 Dreamstime.com: Dmytro Gilitukha (br). 22 123RF.com: Andrey Kiselev (tl). 23 Dreamstime.com: Jacek Chabraszewski / Gbh007 (tr). 25 Dreamstime.com: Pixavril (b). 26 123RF.com: Serezniy (br). 28 Dorling Kindersley: Stephen Oliver (br). 29 123RF.com: Pinipin (br); Unlim3d (br). Dreamstime.com: Punyosaeng / Aopsan (fbr); Sean Pavone (cl); Montypeter (cr). 30 Dreamstime.com: Isselee (cra). 31 Alamy Stock Photo: fotorince (cra). Dreamstime.com: Lilun (tl); Stefan Hermans / Perrush (c); Rawin Thienwichitr (clb). 32 123RF.com: Kittipong Jirasukhanont (ca); rawpixel (c). 33 123RF.com: Anna Pindyurina (cr); Aleksei Sysoev (bl). 35 Dreamstime.com: Katie Nesling (cb); Syda Productions (crb). 38 Dreamstime.com: Monkey Business Images (cla). 39 123RF.com: cokemomo (b). Dreamstime.com: Rostislav_sedlacek (b); Skypixel (cb). 43 Dorling Kindersley: Gary Ombler (cl); Lister Wilder (tr). 44 123RF.com: Mexrix (clb); David Wingate (cb); Andriy Popov (cr). Alamy Stock Photo: Neil lee Sharp (tl). Dreamstime.com: Tyler Olson (c). 45 123RF.com: John Roman (c). Alamy Stock Photo: incamerastock (cr). Dreamstime.com: Hongqi Zhang (aka Michael Zhang) (cl). 47 Dreamstime.com: Jhanganu (bl). 49 123RF.com: rawpixel (b). 51 Dreamstime.com: Akulamatiau (cla). 54 123RF.com: Andrey Armyagov / cookelma (cb). Dorling Kindersley: South of England Rare Breeds Centre, Ashford, Kent (cb/Goat). Dreamstime.com: Duki84 (cr); Bilha Golan (cra); Isselee (cb). 55 Dorling Kindersley: Doubleday Swineshead Depot (cla). Dreamstime.com: Elena Elisseeva / Elenathewise (cb); Inna Yurkevych / Zloneg (ca). Fotolia: Roman Milert (clb). Photolibrary: Digital Vision / Akira Kaede (cra). 56 123RF.com: alphaspirit (bl); Kritchanut (br). Dreamstime.com: Jens Stolt / Jpsdk (cr, tr); Photodeti (c); Rodho (cra). 56-57 Dreamstime.com: 7xpert (t). 57 123RF.com: lightwise (fbl); Aleksey Poprugin (crb, bc); Roman Samokhin (crb/Can, br/Can). Dorling Kindersley: Jerry Young (clb). Dreamstime.com: Cornelius20 (br); Sataporn Jiwjalaen / Onairjiw (br); Jens Stolt / Jpsdk (cra, cb). 58 123RF.com: Kittipong Jirasukhanont (cla); rawpixel (tc, cla/Technology icons). Dreamstime.com: Jezper (Background, br). 59 123RF.com: Volker von Domarus (tl); rawpixel (tr); Anna Pindyurina (cl). Fotolia: Dusan Zutinic / asiana (tc). 60 Dreamstime.com: Robyn Mackenzie / Robynmac (r). 61 123RF.com: rawpixel (bc/Car). Dorling Kindersley: University of Pennsylvania Museum of Archaeology and Anthropology (crb). Dreamstime.com: Hamsterman (br); Robyn Mackenzie / Robynmac (tr); iportret (bc). 62 123RF.com: Dimitar Marinov / oorka (clb). Dreamstime.com: Darren Baker / Darrenbaker (crb). 63 123RF.com: Steve AllenUK (crb). Dreamstime.com: Aleksandr Kiriak / Kiriak (clb). 64 123RF.com: Kwanchai Chai-udom (l/Background). Dorling Kindersley: Lister Wilder (ca). 67 Alamy Stock Photo: Tony Tallec (br). 68-69 Dreamstime.com: Vladimir Ovchinnikov / Djahan. 70-71 Dreamstime.com: Lucas Rozada (Background). 70 123RF.com: Ammit (cra); Somchai Jongmeesuk (cl); Aleksei Sysoev (clb); Iakov Kalinin (br). 71 123RF.com: Supreeth Bhat (cla); Maksym Topchii (tc); Sean Pavone (br). Dreamstime.com: Marish (b). 72 Dorling Kindersley: Natural History Museum, London (bl, cb); Stephen Oliver (cb/Spade). Dreamstime.com: Epicstock (ca); Michael Flippo (cr); Alexander Pladdet (cr/Sand, cb/Sand). 73 Dreamstime.com: Dvmsimages (cb); Jo Ann Snover / Jsnover (cb/bottle). 75 Dreamstime.com: Woraphon Banchobdi / Pat138241 (cl). 78 Alamy Stock Photo: David Grossman (br). Dreamstime.com: Buddhapong Wongsanont (bl). 79 Dorling Kindersley: Glasgow City Council (Museums) (clb); Barnabas Kindersley (bc). 80-81 Dreamstime.com: Roman Milert / Pryzmat (t). 80 Dreamstime.com: David Benes (crb). Dreamstime.com: Weber11 (bc). 81 123RF.com: Leysan Shayakbirova (bc).

Dreamstime.com: Rudmer Zwerver / Creativenature1 (cb). 82 Dreamstime.com: Vladyslav Bashutskyy / Bashutskyy (c); Tanyashir (crb). 83 123RF.com: Attila Mittl / atee83 (ca); Jennifer Barrow (bl). Dreamstime.com: Cornelius20 (bc); Rawpixelimages (cb). 84 Dorling Kindersley: Barnabas Kindersley (cb). 87 Dreamstime.com: John6863373 (crb). Getty Images: Chris Ratcliffe / Bloomberg (cra). iStockphoto.com: Starcevic (cr). 88 123RF.com: Attila Mittl / atee83 (crb, cr); Micha? Giel / gielmichal (bl). Dreamstime.com: Andreykuzmin (bc); Witold Krasowski / Witoldkr1 (cl); Dmstudio (br). 89 Dreamstime.com: Dodgeball (crb). 90 Dreamstime.com: Andrey Burmakin / Andreyuu (br). 91 123RF.com: Suchota (cra). Alamy Stock Photo: Tom Grundy (bc). Dreamstime.com: Luciano Mortula (bc/Times Square); Underworld (tl); Suchota (ca); Cenk Unver / Zensu (br). 92-93 Dreamstime.com: Montypeter (Background). 93 Getty Images: Anthony Asael / Gamma-Rapho (tr). 94 Dreamstime.com: Nicholas Burningham / Dreamsnjb (bc). 95 Dreamstime.com: Berc (cra). 96 Alamy Stock Photo: Juergen Hasenkopf (cb). 96-97 123RF.com: efks. 97 Alamy Stock Photo: Michael Alesi / Xinhua (br). Dreamstime.com: Celso Pupo Rodrigues (ca). 99 123RF.com: Pretoperola (bc). 100 Alamy Stock Photo: Mauricio Collado / Xinhua (bl). Dorling Kindersley: Musee du Louvre, Paris (tr). Dreamstime.com: Dmitrii Kiselev / Dimedrol68 (ca); Kotist (br). 100-101 Dorling Kindersley: Senckenberg Gesellschaft Fuer Naturforschugn Museum (c). 101 Alamy Stock Photo: Michael Ventura (cr). Dorling Kindersley: Bolton Metro Museum (c). 102 Dorling Kindersley: Dan Crisp (c). Dreamstime.com: Mr.jarun Sangkhrim / Maeklong (cl); Daria Rybakova / Podarenka (c/Bear). Fotolia: Eric Isselee (bl). 103 Dreamstime.com: Carlosphotos (tl). 104 Dorling Kindersley: Dan Crisp (cra). Dreamstime.com: Daria Rybakova / Podarenka (cra/Bear). 105 123RF.com: (clb); Bennymarty (cl). Dorling Kindersley: Dan Crisp (cra). Dreamstime.com: Kotomiti_okuma (cb). Fotolia: Eric Isselee (ca). iStockphoto.com: jackOm (cb). 106 123RF.com: Rui Baiao (c). 108 Dreamstime.com: Joao Virissimo / Jlvdream (cb); Minyun Zhou / Minyun9260 (cb); Siempreverde22 (bc); Barna Tanko (crb/Olmec basalt head). 109 Dreamstime.com: Eugenesergeev (bl); Yasushi Tanikado / Yasushitanikado (tc); Andrew Kazmierski (c); Gstudioimagen (clb). 110 Dreamstime.com: Cosmopol (bl); Renato Machado (tc). 111 Dorling Kindersley: Blackpool Zoo (cr). Dreamstime.com: Marconi Couto De Jesus (cla); Patrick Poendl / Poendl (br). 112 123RF.com: Elena Polina (tl, ca). Dorling Kindersley: The Science Museum, London (cla). Dreamstime.com: Volodymyr Byrdyak (tc); Onefivenine (bc). 113 123RF.com: Elena Polina (cla, tc/Africa). Dorling Kindersley: Jerry Young (tc, cla/Elephant). Dreamstime.com: Kenm (ca); Sculpies (ca/Mountain); Mark Frank Van Overmeire / Markvanovermeire (cl). 114 123RF.com: Devi Yanthi (cb). Dreamstime.com: Michal Bednarek (clb); Eugenesergeev (ca). Getty Images: Karl Weatherly / Photodisc (crb). 115 123RF.com: Elisa Locci (tr). Dreamstime.com: Digikhmer (b); Irochka (cla); Freesurf69 (cb). 116 123RF.com: Boris Stroujko (cl); Cezary Wojtkowski (cb). Dorling Kindersley: James Mann / Micheal Penn (crb); Wildlife Heritage Foundation, Kent, UK (cr). Dreamstime.com: Mr.jarun Sangkhrim / Maeklong (ca); Vincentstthomas (cla); Vladvitek (bc). 117 Dreamstime.com: Roman Milert (cr); Narathip Ruksa / Narathip12 (tl). Fotolia: Eric Isselee (clb). Getty Images: PhotosIndia.com (c). 118 Dreamstime.com: Robert Bayer (bc); Lvan Sinayko / Pressfoto (clb). 119 Alamy Stock

**Photo:** Karsten Wrobel (tc). **Dreamstime.com:** Dmitry Pichugin / Dmitryp (cb). **120 123RF.com:** Iakov Filimonov / Jackf (tl); Volodymyr Kovalchuk (br). **Alamy Stock Photo:** Bill Brooks (t). **Dreamstime.com:** Tom Linster / Flinster007 (ca/Polar bear with cub); Eric Isselée / Isselee (ca). **121 123RF.com:** Raldi Somers / gentoomultimedia (clb); Witold Kaszkin (r). **Alamy Stock Photo:** Bill Brooks (bl); Dan Leeth (tr). **Dreamstime.com:** Kotomiti_okuma (cr). **Getty Images:** Frank Krahmer / Photographer's Choice RF (clb/Emperor penguins). **122 Dreamstime.com:** Rafał Cichawa (cl). **122-123 Dreamstime.com:** Noppakun. **123 123RF.com:** Yongyut Kumsri (tl); Mihtiander (cra). **128 Dreamstime.com:** Tacettin Ulas / Photofactoryulas (ca). **131 Dreamstime.com:** Kheng Guan Toh / Kgtoh (cr). **132 123RF.com:** Eric Isselee / isselee (bc); Yuliia Sonsedska / sonsedskaya (c). **Dreamstime.com:** Lin Joe Yin / Joeyin (tl). **133 Dorling Kindersley:** Natural History Museum, London (tr). **134 Dreamstime.com:** Cornelius20 (bl); Vitalyedush (cb). **134-135 Dreamstime.com:** Vhcreative (t). **135 Dreamstime.com:** Torsten Kuenzlen / Kuenzlen (ca); Titoonz (clb). **136 iStockphoto.com:** Ajith Kumar (b). **136-137 123RF.com:** Beketoff. **137 Dreamstime.com:** Tearswept (cra). **iStockphoto.com:** Pidjoe (cr). **138 123RF.com:** Andrea Marzorati (tr); Yuliia Sonsedska (br). **Dreamstime.com:** Lubomir Chudoba (cr); Daveallenphoto (clb). **138-139 Dreamstime.com:** Sam74100. **139 123RF.com:** Ana Vasileva / ABV (c); Eduardo Rivero / edurivero (tl); Michael Zysman / deserttrends (crb). **Dreamstime.com:** Cornelius20 (b); Ulf Huebner (tr). **140 Dreamstime.com:** Karol Kozlowski / Charles03 (cr); Staphy (cl). **Getty Images:** Frank Krahmer / Photographer's Choice RF (cb). **140-141 Dreamstime.com:** Jonmanjeot. **141 Dorling Kindersley:** Jerry Young (bl). **Dreamstime.com:** Josemaria Toscano / Diro (cr); Hecke01 (cla); Teresa Kenney / Kenneystudios (bc). **142 Dreamstime.com:** Dmitry Pichugin / Dmitryp (cla). **iStockphoto.com:** Byrdyak (clb). **143 Dreamstime.com:** Klikk (crb); Minnystock (clb). **Getty Images:** Dana Stephenson (cra). **iStockphoto.com:** Mlharing (cl). **144 iStockphoto.com:** (br). **145 Alamy Stock Photo:** Eric Nathan (bc). **Dreamstime.com:** Евгений Харитонов (cb). **iStockphoto.com:** Donna_Carpenter (cr); Geng Xu (ca). **146 123RF.com:** NewAge (c); John Bailey / pictur123 (cr). **iStockphoto.com:** Rafael_Wiedenmeier (br). **147 Dreamstime.com:** Bhairav (tr); Mikhail Markovskiy / Markovskiy (cr); Jgade (fclb); Staphy (crb); Natalya Aksenova / Natalyaa (bc). **iStockphoto.com:** Konstantin Labunskiy (bc). **148-149 Getty Images:** Layne Kennedy. **149 123RF.com:** skylightpictures (c). **150 Dreamstime.com:** Phah Sajjaphot (r). **iStockphoto.com:** Raclro (bl). **151 123RF.com:** Aivolie (br). **Dreamstime.com:** Siriwatthana Chankawee (cra); Macbibi (l). **152 123RF.com:** mhgallery (l). **iStockphoto.com:** Iakov Kalinin (ca). **152-153 iStockphoto.com:** WLDavies (b). **153 Alamy Stock Photo:** Solvin Zankl (cb). **Dorling Kindersley:** NASA (bc). **Dreamstime.com:** Porbital (cb). **iStockphoto.com:** Meindert van der Haven (ca). **154 Dreamstime.com:** Svetlana Foote (bl); Sakda Nokkaew / Nokkaew (br); Jerryway (crb). **Getty Images:** Foodcollection RF (bc). **154-155 Dreamstime.com:** Zerbor. **155 123RF.com:** Alein (c). **Alamy Stock Photo:** Hugh Threlfall (bl). **Dreamstime.com:** Evgeny Skidanov / Hypnotype (cr); Irochka (cra); Jan Martin Will (crb); Goncharuk Maksym (bc). **156 123RF.com:** Andrejs Pidjass / NejroN (cr). **Dreamstime.com:** Javarman (clb). **157 Dreamstime.com:** Dirk Ercken / Kikkerdirk (cb/Frog); Svetlana Foote / Saddako123 (clb); Kamnuan Suthongsa (cb). **158 Dreamstime.com:** Serban Enache / Achilles (c); Arenaphotouk (cla). **159 Dreamstime.com:** Yykkaa (r). **160 123RF.com:** Martti Tapio Salmela (bl). **160-161 123RF.com:** Iurii Buriak. **161 123RF.com:** Felix Lipov (tl). **162-163 iStockphoto.com:** JacobH. **163 Alamy Stock Photo:** Svetlana_K (cra); Kim Kaminski (cr); Frans Lemmens (br). **164 Alamy Stock Photo:** Norman Barrett (clb). **164-165 Alamy Stock Photo:** Scott Wilson. **165 Getty Images:** DeAgostini (cra, crb). **166-167 Dreamstime.com:** Fgcanada. **167 123RF.com:** Allan Proudfoot (crb). **Alamy Stock Photo:** Robert Wyatt (tr). **Dreamstime.com:** Alessandrozocc (c); Clickos (tl). **168-169 iStockphoto.com:** Guenterguni. **169 Dreamstime.com:** Marek Poplawski (br). **iStockphoto.com:** Francesco Ricca Iacomino (cra). **170 Alamy Stock Photo:** Bill Bachman (br). **170-171 Alamy Stock Photo:** William Robinson. **171 Alamy Stock Photo:** DPA Picture Alliance (cra). **Dreamstime.com:** Johannaralph (bc). **Getty Images:** Roland Seitre / Minden Pictures

(br). **172-173 123RF.com:** Nataliia Kravchuk. **173 Dorling Kindersley:** Holts Gems (tl). **Dreamstime.com:** Arenaphotouk (cra, ca). **174-175 iStockphoto.com:** Iwanami_Photos. **175 Caters News Agency:** (crb). **176 Alamy Stock Photo:** Rapp Halour (cl); www.BibleLandPictures.com (clb). **Dreamstime.com:** Roberto Giovannini / Roberto1977 (t). **Getty Images:** (cra). **177 Getty Images:** Danita Delimont (clb). **iStockphoto.com:** holgs. **178 123RF.com:** Anton Ivanov (cl); Pinipin (ca); Julinzy (tr). **178-179 Dreamstime.com:** Alex7370 (b). **179 123RF.com:** Konstantin Kalishko (b). **Alamy Stock Photo:** Age Fotostock (cl); Inga Spence (t); FLPA (cr). **180 Dreamstime.com:** Kaedeenari (l); Torsakarin (r). **181 Alamy Stock Photo:** Horizon Images / Motion (r). **182-183 Alamy Stock Photo:** Paul Martin. **182 Dreamstime.com:** Hdanne (bc); Rikke68 (tr); Isselee (ca). **184-185 Alamy Stock Photo:** Tom Grundy. **185 Getty Images:** Alfred Gregory / Royal Geographical Society (ca). **186-187 iStockphoto.com:** Zhaojiankang. **187 Getty Images:** STR / AFP (cra). **188 Getty Images:** Gianni Marchetti (clb). **188-189 123RF.com:** Alexandr Ozerov. **189 123RF.com:** Brenda Kean (cb). **Dreamstime.com:** Alvaro German Vilela (bl). **190 Alamy Stock Photo:** WaterFrame (clb). **Dreamstime.com:** Stevebb (tr). **190-191 Getty Images:** Daniel Osterkamp. **191 Getty Images:** Jeff Hunter (cra). **192-193 naturepl.com:** Jurgen Freund. **193 Alamy Stock Photo:** Auscape International Pty Ltd (crb); Mauritius Images GmbH (cra, cr). **Getty Images:** Stephen Belcher / Minden Pictures (ca). **194-195 iStockphoto.com:** Clicksbyabrar (t). **195 Courtesy of Nakheel:** Palm Jumeirah, Dubai (bc). **The Dubai Mall:** (br). **196 Alamy Stock Photo:** Boaz Rottem (cla). **196-197 Getty Images**. **198 Dreamstime.com:** Suranga Weeratunga (cr). **198-199 Getty Images:** Laura Grier. **200-201 Science Photo Library:** Javier Trueba / MSF. **202-203 Alamy Stock Photo:** Yuen Man Cheung (Background). **Dreamstime.com:** Dibrova. **203 Dreamstime.com:** Typhoonski (clb). **Getty Images:** Bettmann (crb); Keystone-France / Gamma-Keystone (cr). **204 123RF.com:** Mihtiander (bl). **204-205 Dreamstime.com:** Yooran Park (bc). **iStockphoto.com:** Mantas Volungevicius (t). **205 Alamy Stock Photo:** Hemis (br); Radius Images (cr). **206-207 Alamy Stock Photo:** Vicki Beaver (c). **206 Alamy Stock Photo:** Chronicle (br). **207 Alamy Stock Photo:** Art Collection 2 (bl); Eye Ubiquitous (ca/Engineering, ca/Living quarters); Rebecca Jackrel (cra); Dan Leeth (cr); imageBROKER (crb). **Getty Images:** Chris Walker / Chicago Tribune / MCT (c). **209 Dreamstime.com:** Amy Harris. **210 123RF.com:** Fotovlad (br). **210-211 Dreamstime.com:** Dmitriyrnd (Background). **211 123RF.com:** Macrovector (cl); Tomas Sobek (bc). **Dreamstime.com:** Matyas Rehak (cr). **212 Getty Images:** Time Life Pictures / Mansell / The LIFE Picture Collection (cla). **212-213 iStockphoto.com:** zoom-zoom. **213 Getty Images:** Michael Nicholson / Corbis (br). **214 Dreamstime.com:** Christian Ouellet (cla). **214-215 iStockphoto.com:** Jenifoto. **215 Getty Images:** Bettmann (br). **216-217 naturepl.com:** Mike Wilkes. **217 123RF.com:** Robert McIntyre (tl). **Alamy Stock Photo:** Nature Photographers Ltd (cb). **218 Dorling Kindersley:** International Robotics (bc). **219 Dreamstime.com:** Astrofireball (fbr); Eddie Toro (br). **220 123RF.com:** Pretoperola (br/Frame). **Dreamstime.com:** Mikhail Markovskiy / Markovskiy (br). **223 Dreamstime.com:** Tacettin Ulas / Photofactoryulas (tr)

**Cover images:** *Front:* **123RF.com:** Andrejs Pidjass / NejroN (cl), Ivonne Wierink (tc); **Dreamstime.com:** Jens Stolt / Jpsdk (cb), (cr); *Back:* **Dreamstime.com:** Tacettin Ulas / Photofactoryulas (cra), Rikke68 (cl).

All other images © Dorling Kindersley
For further information see: www.dkimages.com

**DK would like to thank:**
Marie Lorimer for indexing, and Lynne Murray and Sakshi Saluja for picture library assistance.